最受欢迎的种植业精品图书

ZUI SHOU HUANYING DE ZHONGZHIYE JINGPIN TUSHU

水生蔬菜安全生产技术指南

SHUISHENG SHUCAI ANQUAN SHENGCHAN JISHU ZHINAN

第2版

柯卫东　刘义满　黄新芳　主编

中国农业出版社

编写人员

主　编　柯卫东　刘义满
　　　　黄新芳

编　者　（按姓氏笔画排列）

王　芸　叶元英
刘义满　刘玉平
朱红莲　孙亚林
李　峰　李双梅
李明华　周　凯
柯卫东　钟　兰
黄来春　黄新芳
彭　静　董红霞

目录

第一章

莲藕安全生产技术

莲藕，别名莲菜、荷藕。我国是莲藕起源中心之一，种植历史3 000多年，其根、茎、叶、花、果皆具经济价值。莲藕中淀粉的含量占鲜重的11.44%，蛋白质占2.16%，可溶性糖占2.26%。莲膨大的根状茎（藕）和莲子为主要食用器官，藕可作蔬菜食用，并可加工制成各种副食品，莲子可鲜食或加工。莲藕产品在国内外具有广阔市场，是出口创汇的重要商品。藕节、莲根、莲芯、花瓣、雄蕊、莲叶等皆可入药。

莲藕在我国长江流域、黄淮流域和珠江流域都有栽培，其中以长江中下游地区种植面积最大。目前全国栽培面积50万～70万公顷，湖北省栽培面积10万公顷，居全国之首。

第一节　生物学特性

一、植物学特征

莲藕植株形态见图1-1、图1-2。

1. 根　不定根，成束环生在根状茎节部四周，每个茎节环生6束不定根，每束10～25条，平均根长10～15厘米，在土壤中呈辐射状。幼根为白色或淡红色，老化后变为黄褐色或黑褐色。

2. 茎　根状茎在15～50厘米的泥层中横向生长，未膨大根状茎粗2～3厘米，能发生分枝，称“莲鞭”。节间一般长20～50厘

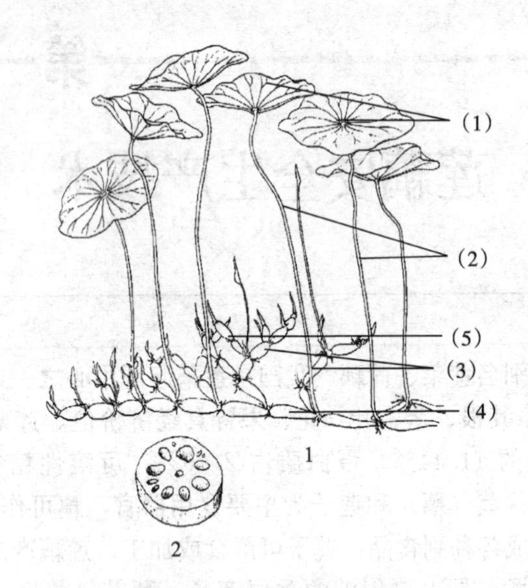

图 1-1　莲藕植株形态

1. 植株　2. 藕的横切面

(1) 叶片　(2) 叶柄　(3) 子藕　(4) 主藕　(5) 孙藕

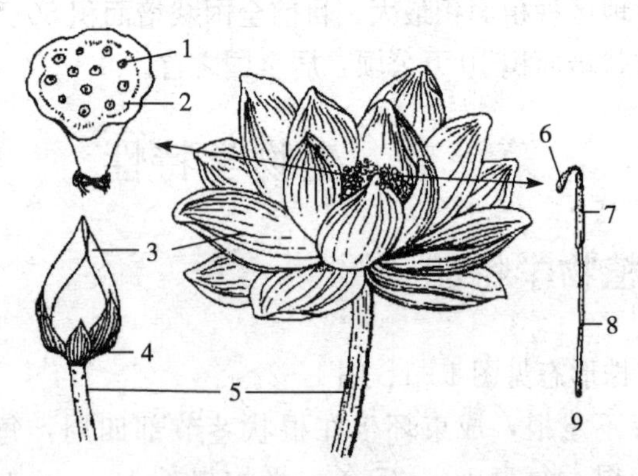

图 1-2　荷花的各部分

1. 雌蕊　2. 花托　3. 花瓣　4. 萼片

5. 花梗　6. 附属物　7. 花药　8. 花丝　9. 雄蕊

米，长者可达 100 厘米。茎横切面有 7 大 2 小通气孔。莲在生长后期新长的根状茎膨大形成粗壮的藕，一般 3～6 节，横径 4～8

厘米。藕按其着生的主次，有主藕、子藕、孙藕。主藕由主茎膨大而成，从主藕节部长出的小藕称子藕，从子藕节部长出的小藕称孙藕。藕是莲的贮藏器官，又是繁殖器官。

藕基部节间称“梢节”，食用价值较低。藕最前一段节间称为藕头，其上着生顶芽。莲的顶芽外披鳞片，内有1个包裹着叶鞘的叶芽和花芽的混合芽及短缩的根状茎。短缩的根状茎顶端有1个被芽鞘包裹着的新顶芽，每一轮顶芽都重复前面的结构。

3. 叶 莲藕的叶由叶柄和叶片组成，浮于水面的叶称为“浮叶”，挺出水面的叶称为“立叶”。叶柄圆柱形，其上密布刚刺，内有4大2小的通气道，位于叶柄横切面中部。叶柄的通气道与地下器官的气道相通而成为发达的通气系统。叶片盾状着生，叶柄的上部与盾状圆形的叶片相连，相连处构成一半环形的“箍”。叶片表面浅绿或绿色，具蜡质白粉。叶片正面的中心称“叶脐”，叶脐内具较多排水器，每片叶的叶脉19～22条，从叶脐至边缘呈辐射状排列。

4. 花 单生，两性花，花柄与立叶并生。花柄圆柱形，上布小刺，内有7大2小的通气道，环绕花柄横切面四周，通气道与地下器官的气道相通。花蕾形状、大小随不同类型的品种而异，有狭卵形、卵形及卵圆形等。藕莲和籽莲的花蕾一般为卵形。花莲的花型、颜色、花径大小和花瓣数目因品种而异。藕莲和籽莲一般为单瓣，18～25枚，花瓣匙形，白色或红色，雄蕊多数花丝浅黄色，长1.5～2厘米；花药黄色，纵裂；雌蕊柱头顶生，无花柱，子房上位，心皮多数10～40枚，散陷于海绵质的花托内。受精后花托迅速膨大，开始果实发育。

5. 果实、种子 莲子属小坚果，果皮极坚硬，椭圆形或圆形，老熟后黑褐色或棕褐色。果实成熟前与花托相连。果实发育一般经历黄子期、青子期、褐子期和黑子期。当果实成熟后莲蓬向下弯曲，种脐与花托脱离，果实自然落入水中。

莲种子包裹在坚硬的果皮内，由种皮、胚两部分组成。种皮呈薄膜状，与子叶相连不易剥离，棕红色或白棕色。胚由两片膨大的子叶、胚芽、上胚轴和胚根组成。子叶半圆形，基部合生，色白，内含丰富的营养物质。胚芽绿色。

二、生长规律和生育期划分

（一）生长发育规律

莲是大型多年生水生根茎植物，根茎分枝类型为单轴型。每年春季，休眠的种藕开始萌发，如果莲藕不是挖出重新栽植，而是自然在土壤中发芽生长，由于种藕在较深的土壤中过冬，根状茎先直立向上生长至离土面3～5厘米，再水平横向生长；若重新栽植，由于种藕离土面较浅，根状茎不向上生长，直接水平横向生长。莲萌发后，先长出1～2片浮叶，根状茎的节间较短（5～10厘米），随后再生长出立叶，立叶长出后根状茎节间迅速伸长（20～50厘米）。虽然腋芽位于根状茎节部，位置都位于根状茎上方，但新生的次生根茎交替水平伸向老的上级根茎两侧，新老根茎之间在生长方向上的夹角为70°～100°。随着根状茎的生长，其节间一节比一节长，一节比一节粗。莲藕膨大前往往会出现一个预膨大节，粗度达2～3厘米（水田），随后就开始膨大形成尾梢节。在大田生长中，种藕的1个芽一般能形成2支藕，少数3支藕。主枝形成的藕更肥大，一般比分枝形成的藕重1倍左右。

不管是在大田还是在鱼塘，不管什么品种，在有竞争的群体生长中，叶的生长都只出现上升梯度叶群，也就是立叶叶柄一片比一片高，前期的立叶一片比一片大。叶片不仅着生在细长的根状茎（莲鞭）上，而且在藕体上也长出高大的叶片。在膨大结藕还剩3节时，生长出1张弱小的立叶，该立叶出现后表明其前方还可以膨大形成3节藕，该叶可称为“终止叶”。分枝上形成的立叶由于也处于竞争状态，立叶也较高，其生长也只呈现上升阶梯叶群。不管什么类型、什么品种的莲，其生长发育规律是一样的（图1-3）。

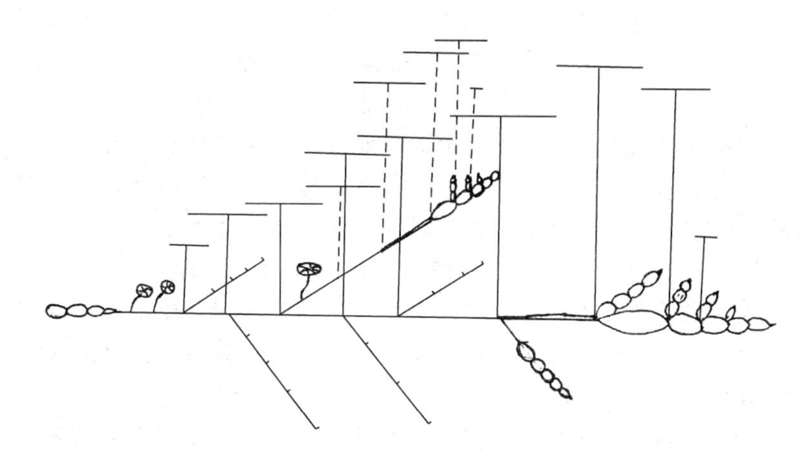

图 1-3　莲在大田生长模式图

莲叶片在长满全田后，在不同高度的空间都有叶片，虽显得参差不齐，但它可以接受不同层次的光线，加强了对光的利用效率。莲地上资源的吸收结构和地下资源的吸收结构都由水平生长的根状茎连在一起，形成一种生理上的整合，直到休眠器官完全成熟，根状茎才会腐烂。

不同品种的叶柄高度、叶片大小、根状茎节间长度、粗度、叶片生长速度、结藕的节位等有较大差异。其中，膨大结藕的节位是品种熟性的标志，节位越前，熟性越早，反之越迟。早熟品种 5～8 节位膨大结藕，晚熟品种 12～14 节位结藕。同一品种在同一环境下种植，结藕节位相对稳定。

在环境不同的水田和鱼塘中，同一品种的莲藕生长一般有较大差异，塘栽莲藕叶柄高度、叶片大小、根状茎节间长度、粗度及最后膨大形成的藕都超过了水田栽植的莲藕。塘栽莲藕比田栽莲藕晚 1～2 节，表现晚熟 7～10 天。

（二）生育期

莲藕一般以膨大的根状茎（藕）进行无性繁殖，全生育期 180～200 天，按其生长发育规律，一般分为以下几个时期：

1. 幼苗期 从种藕根茎萌动，至第一片立叶长出前。平均气温上升到15℃时，莲开始萌动，此期长出的叶片全部为浮叶。定植5～7天后抽生第一片浮叶，抽生3～4片浮叶后开始抽生立叶。莲萌动长出浮叶，长江中下游地区一般在3月下旬或4月上旬，在华南及西南地区3月上旬莲就开始萌动生长，而华北的河南、山东等地在4月下旬或5月上旬才开始萌动生长，东北地区要到6月上旬开始萌动。一般而言，田间水位越深，浮叶越多；水位越浅，浮叶越少。莲在整个生育时期都有浮叶长出，后期的浮叶主要从根状茎二、三级分枝上长出。莲的萌动期也就是莲藕定植的最佳时期。

2. 成株期 从立叶长出至结藕前。此时期是莲营养生长和生殖生长的旺盛时期，长江中下游流域一般为5月上中旬至7月上旬或8月上旬。这一时期的典型特征是立叶数大量增加，平均5～7天根状茎生长一节，并抽生一个叶片；根状茎的每一节抽生出一个新的分枝，从而形成一个庞大的分枝系统。

在叶片不断生长的同时，植株开始现蕾开花。开花的多少因品种而不同，籽莲在长出3～4片立叶后基本上是一叶一花，藕莲花相对较少，甚至无花。长江中下游地区一般6月开始现蕾开花，7～8月盛花。

3. 结藕期 莲生长到一定时期，根状茎开始膨大形成藕，早熟品种一般在6月中下旬，中晚熟品种在7月上中旬进入此时期。

4. 休眠期 新藕完全形成后，莲地上叶片开始枯黄，进入休眠。武汉地区一般在9月下旬至第二年3月下旬为止。

三、开花结实习性

在长江中下游地区，一般从6～8月份陆续开花，盛花期在7～8月份。不同品种开花时间、持续时间不同。籽莲比藕莲开花早，持续时间长。

一般而言，单花从出水至开放约需15～20天，随花蕾的发育长大，花柄迅速伸长至与荷叶等高或高于荷叶。花开放后，花柄停止生长。单花花期3～4天，第一天微开，花冠开启2～4厘米的小孔，至中午后闭合，第二天盛开，第三天、第四天出现凋谢。

莲是虫媒花，以异花授粉为主，为莲传粉的昆虫有10多种。

雌蕊先熟，开花第一天柱头上即分泌大量黏液，具有接受花粉受精的能力。开花第二天，雄蕊中的花粉散开。初开的花散发浓郁的香味，有利昆虫传粉，田间放蜂有利提高结实率。

开花多少与光照和温度关系密切。夏季光照强、温度高，花蕾发育快，开花早。平均气温30℃左右，最利于荷花开花结实。开花的第1～2天，若遇阴雨，结实率会明显下降。

受精至果实成熟一般需要30～45天，因气温的不同而异。气温高，则成熟快。成熟的果实常自然脱落。

根据果实发育时花托和果皮颜色的变化，将果实的发育分为黄子期、青子期、褐子期和黑子期。藕莲的果实一般为椭圆形，籽莲的果实一般为卵圆形。

四、对环境条件的要求

莲为喜光、喜温性植物。莲的萌芽始温15℃，生长最适温度28～30℃，昼夜温差大，利于莲藕膨大形成。莲开花结实的最适气温是25～30℃，开花结实期若骤然降温，刚出水的小花蕾会死亡。连续阴雨，结实率降低。

莲在整个生育期内不能离水，适宜水深100厘米以下。同一品种在浅水中种植时，莲藕节间短，节数较多，而深水种植时节间伸长变粗，节数变少。在营养生长期若遇雷雨，其莲鞭的生长速度往往加快。这可能与雨水将氧气带入水中有关，但若遇大风则易吹断荷梗。

莲对土质要求不严格，适宜pH值为6.5～7.5，有机质丰富，耕作层较深（30～50厘米）且保水能力强的黏质土壤都可生长。

第二节　类型与品种

一、类型

植物学上莲属共有2种，一种是中国莲，主要分布在亚洲；另一种是美洲黄莲。按对不同生态环境的适应性分为3个生态型：热带生态型、亚热带生态型和温带生态型。我国栽培的主要是亚热带生态型。根据莲的用途，分为3个类型：一类是藕莲，主要以采收肥大的地下根状茎为目的，亦称莲藕、莲菜、藕等；一类是籽莲，主要以采收莲子为目的；一类是花莲，主要以观赏为目的。本书介绍的莲包括藕莲和籽莲。

在类型以下，按不同的农艺性状分出不同的品种，如藕莲根据熟性分为早熟品种、中熟品种、晚熟品种。藕莲还可根据节间（俗称"藕筒"）长度分为长筒形、筒形及短筒形品种。籽莲常根据品种原产地不同分为湘莲（来自湖南）、赣莲（来自江西）及建莲（来自福建）等。

二、品种

（一）藕莲

1. 鄂莲1号　武汉市蔬菜科学研究所由上海地方品种系统选育而成，1993年通过湖北省品种审定委员会审定。早熟。株高130厘米，叶径60厘米，开少量白花。藕入泥深15～20厘米，主藕6～7节，长90～110厘米，横径6.5～7.0厘米，整藕重3～3.5千克，皮色黄白。长江流域4月上旬定植，7月上中旬每667米^{2}可收青荷藕1 000千克，9～10月后可收老熟藕2 000～2 500千克，宜炒食。

2. 鄂莲4号　武汉市蔬菜科学研究所杂交选育而成，1993年通过湖北省品种审定委员会审定。中熟。株高170厘米左右，叶径75厘米，花白色，主藕5～7节，长90～110厘米，横径7～8

厘米，整藕重3～4千克，梢节粗大；入泥深30厘米，皮淡黄色。长江中下游地区于4月上旬定植，7月下旬可收青荷藕，667米^{2}产750千克左右，9月可开始收老熟藕2 500千克左右，生食较甜，宜炒食。

3. 鄂莲5号（3735） 武汉市蔬菜科学研究所杂交选育而成，2003年通过湖北省品种审定委员会审定。早中熟。株高160～180厘米，叶径75～80厘米，花白色。主藕5～6节，长80～100厘米，直径7～8厘米，整藕重3～4千克，藕肉厚实，通气孔小，表皮黄白色。入泥30厘米。长江中下游地区4月上旬定植，7月中下旬每667米^{2}产青荷藕500～800千克，8月下旬产老熟藕2 500千克。抗逆性强，稳产，炒食及煨汤风味均佳。

4. 鄂莲6号（0312） 武汉市蔬菜科学研究所杂交选育而成，2008年通过湖北省品种审定委员会审定。早中熟。株高160～180厘米，叶径80厘米左右，花白色。主藕6～7节，长90～110厘米，主节粗8厘米左右，整藕重3.5～4.0千克，藕节间为筒形，节间均匀，表皮黄白色。入泥浅。枯荷藕每667米^{2}产量2 500～3 000千克，凉拌、炒食、煨汤皆宜。

5. 鄂莲7号（珍珠藕） 武汉市蔬菜科学研究所从鄂莲5号的自交后代中选育而成，2009年通过湖北省品种审定委员会审定。早熟。植株矮小，株高110～130厘米，叶径70厘米左右，花白色。主藕6～7节，藕节间为短圆筒形，主节间长10厘米左右，粗8厘米左右，节间均匀，藕肉厚实，表皮黄白色。整藕重2.5千克左右，商品性好。7月上中旬即可采收青荷藕，一般每667米^{2}产量1 000千克左右，9月以后可收枯荷藕，每667米^{2}产量2 000千克左右。凉拌、炒食、煨汤皆宜。

6. 鄂莲8号（0313） 武汉市蔬菜科学研究所从杂交莲子后代选育而成。晚熟。植株高大，生长势强，株高180～200厘米，叶径80～85厘米左右，花白色，较多。主藕5～6节，主藕长90～100厘米，主节粗8.0～8.5厘米，整藕重3.0～4.0千克，节间均匀，表皮白色。枯荷藕每667米^{2}产量2 500千克左右。煨汤粉。

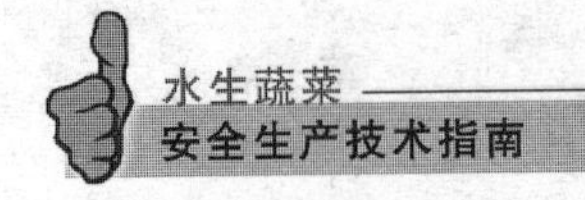

采收藕带产量高，藕带粗白，脆嫩。

7.“巨无霸” 武汉市蔬菜科学研究所通过杂交育成。早中熟，藕粗大。株高160～170厘米，叶片半径40厘米左右，花白色。主藕5～7节，长90～110厘米，直径8.5厘米左右，整藕重4.5～5.0千克，藕节间均匀，表皮黄白色。枯荷藕每667米^{2}产量2 500～3 000千克，凉拌、炒食、煨汤皆宜。

8. 武植2号 中国科学院武汉植物研究所从江苏地方品种“慢荷”的无性系优良单株选育而成。主藕5～6节，藕节长筒形，皮黄白色，花白色。适宜浅水田栽培，早中熟，667米^{2}产2 500～3 000千克，煨汤粉。

9. 红泡子 湖北省孝感地区地方品种。株高175～180厘米，花白色，皮黄色，主藕长90～100厘米，单支藕重2.5～3.0千克，藕直径7～7.5厘米，中晚熟，适于浅水栽培，每667米^{2}产1 500～2 000千克。

10. 大紫红 江苏宝应地方品种。株高200厘米左右，花白色，主藕3～4节，少5～6节，节间长20～30厘米，藕粗6～7厘米，单支藕重2～2.5千克，每667米^{2}产1 500～2 000千克。该品种种藕顶芽紫红色，适宜浅水或深水栽培。

11. 巴河藕 湖北省浠水县地方品种。花少，白色，株高170～180厘米，主藕5～6节，长100～110厘米，单支重2.5～3千克，粗7.0厘米左右。早熟，宜浅水栽培，每667米^{2}产2 000千克。

12. 飘花藕 安徽省合肥市地方品种。主藕4～6节，藕较粗，少花或无花，宜浅水田栽培，每667米^{2}产2 000千克左右，质嫩脆，粉无渣，生食、炒食、煨汤均佳。

（二）籽莲

1. 太空莲36号 江西省广昌县白莲科学研究所通过卫星诱变培育的籽莲新品种。花单瓣，红色，心皮18～32枚，莲蓬大，蓬面较平，结实率85%左右。莲子卵圆形，百粒重（干通心莲）100克，花期130～140天。每667米^{2}产干通心白莲80千克左右，品质好。

2. 太空莲3号 江西省广昌县白莲科学研究所通过卫星诱变培育的籽莲新品种。株高180～190厘米，花柄高出叶柄约15厘米左右，花单瓣，红色，心皮18～26枚。蓬面平，着粒较疏，结实率90.7%。鲜莲子单粒重3.5克，长2.2厘米，宽1.8厘米。完熟莲子卵圆形，壳莲百粒重167克。花期110～112天，每667米^{2}有效蓬数4 800个，产鲜莲蓬450千克或褐子期莲子300千克、铁莲子160千克、干通心莲75～80千克。

3. 建选17号 福建省建宁县莲子科学研究所选育的籽莲新品种。株高150～170厘米，花柄高出叶柄约30厘米左右，花单瓣，白色红尖，心皮24～35枚，莲蓬扁圆形，结实率79.1%。鲜莲子单粒重3.8克，长2.3厘米，宽1.9厘米。完熟莲子长卵圆形，壳莲百粒重180克，花期6月上旬至9月下旬，每667米^{2}有效蓬数4 500个，产鲜莲蓬490千克或褐子期莲子312千克、铁莲子185千克、干通心莲75～85千克。

4. 满天星 武汉市蔬菜科学研究所选育的籽莲新品种。株高160～170厘米，花柄高出叶柄约20厘米左右，花单瓣，红色，莲蓬扁平，着粒较密，心皮数27～46枚，结实率84.8%。鲜莲子单粒重4.2克，长2.4厘米，宽1.9厘米。完熟莲子钟形，壳莲百粒重183克，花期6月中旬至9月下旬，每667米^{2}有效蓬数4 500个，产鲜莲蓬540千克或褐子期莲子367千克、铁莲子215千克、干通心莲90～100千克。

5. 湘莲1号 湖南省蔬菜研究所通过杂交选育而成。花单瓣，粉红色，单莲心皮数平均30.25枚，莲子卵圆形，结实率78.5%，每667米^{2}产壳莲150千克。

第三节 栽培技术

一、繁殖方式

1. 整藕繁殖 生产上最常用的一种繁殖方法，即采用整支莲藕作种定植。

2. 子藕繁殖 主藕上的分枝称子藕。一般用具有2～3个节间的子藕作种，每穴栽种2～3只子藕，将其顶芽分布在不同方向。子藕作种是一种较经济的留种方法。

3. 藕头繁殖 将主藕或子藕顶端的一节带芽切下作种，其栽培方式同子藕。

4. 藕节繁殖 将其带腋芽的藕节切下，进行繁殖。

5. 顶芽繁殖 将主藕或子藕顶芽带节切下，插入软泥苗床中育苗，如气温尚低，可用塑料薄膜覆盖，待顶芽的基节上长出不定根并长出3～4片小叶后，定植大田。每667米^{2}栽顶芽500～600个。注意早期灌浅水（2～3厘米），促进早发。

6. 莲鞭扦插 将带有1片展开叶和1片卷叶的莲鞭带泥挖出，用于定植。该方法一般用作田间补苗，注意不要伤害幼根和芽。

7. 微型藕繁殖 通过茎尖组织培养，在试管内诱导形成试管苗（藕），用试管苗（藕）栽在一定大小的容器内繁殖成0.25千克左右的微型藕，微型藕可作为大田用种。

二、茬口安排

1. 芥菜—莲藕—稻 11月份栽种芥菜，翌年4月收春芥菜后再定植莲藕，7月份收早藕，插晚稻，11月份收晚稻，一年可三收。

2. 荸荠（或慈姑）**—莲藕—秋茭—夏茭** 第一年荸荠或慈姑留在田里过冬，第二年春季将荸荠或慈姑收获后，4月份种藕，并在藕田四周种茭白。7月份收藕后，将茭秧栽满全田，10月后可收秋茭，收后留茭墩越冬，第二年5月份可收夏茭，夏茭收获后可定植荸荠或慈姑。

3. 莲藕—茭白—水芹 4月份栽藕时，四周栽二三行一熟茭白，7月份收青荷藕，栽水芹。10月初收完一熟茭，扒去茭白老墩，再补种水芹。

4. 茭白—莲藕—豆瓣菜 8月份栽夏茭，次年4月份在茭白的行间套早藕，5月份收完夏茭，藕继续生长，7～8月份收早藕，9月初种豆瓣菜，10～12月份可陆续收豆瓣菜。

5. 早藕—荸荠（或晚稻、水芹、豆瓣菜） 3月下旬或4月上旬定植早熟品种，7月上中旬采挖青荷藕，7月中下旬栽培荸荠或晚稻等作物。

6. 鱼、藕结合 4月种藕于塘中，5月底6月初将鱼放于塘内，翌年1月份可排水干塘，挖藕的同时收鱼。如鱼过小，可将鱼留在池中，待藕收完后，再放水养鱼。

7. 藕、鱼、茭三年一换九年一轮 第一年种藕。当年种藕时，采用隔年抽挖办法，即留下1/4种藕，挖掉3/4上市。第二年发出新藕，秋后又再次抽挖。到第三年秋、冬全部挖净。第四年至第六年鱼塘养鱼。要放养部分草鱼，帮助除掉部分杂草，第七年到第九年种三年茭。此种种植模式可以大大减少肥料和农药的使用量。

8. 双季藕间套种慈姑 广西、广东等地区在3月中下旬定植莲藕，7月上旬采挖第一季莲藕。主藕上市，子藕、孙藕定植于田中作为第二季莲藕的种苗继续生长；8月下旬或9月上旬将慈姑定植藕田中。冬季作物成熟后先挖慈姑，再挖莲藕。

9. 莲藕间套种水稻 在广西、广东等地区，3月中下旬定植莲藕，在晚稻定植期将藕田中的病老荷叶摘除，再将秧苗定植到莲藕大田的荷叶下，待水稻成熟收获后，再采挖莲藕。

三、藕莲栽培

（一）露地栽培

1. 整田及施肥 浅水藕多为水田栽培，宜选择水位稳定、土壤肥沃的水田种植。将水田翻耕耙平。在翻耕前施用基肥，一般每667米^{2}施腐熟厩肥3 000千克或腐熟人粪尿再加青草2 000千克和生石灰80千克。

2. 定植 在当地平均气温上升到15℃以上时定植。长江中下游地区一般在4月上旬，华南、西南相应提前15～20天，华北地区相应延后15～20天。浅水田栽种密度因品种、肥力条件而定。一般早熟品种密度要大，晚熟品种密度要稀。株行距一般100厘米×150厘米或150厘米×200厘米。定植的方法是先将藕种按一定株行距摆放在田间，行与行之间各株交错摆放，四周芽头向内，田间芽头应走向均匀。栽种时将种藕前部斜插泥中，尾梢露出水面。种藕宜随挖随栽。

3. 水层管理 水层管理应按前期浅、中期深、后期浅的原则加以控制。生长前期保持5～10厘米的浅水，有利于水温、土温升高，促进萌芽生长。生长中期（6～8月份）水层加至10～20厘米，到枯荷后下降至10厘米左右。冬季藕田内不宜干水，应保持一定深度的水层，防止莲藕受冻。

4. 追肥 早熟莲藕施肥1～2次，中晚熟莲藕施2～3次。第一片立叶展开时，每667米^{2}施尿素15千克或碳酸氢铵30千克、人粪尿100千克；立叶长出5～6片，每667米^{2}施复合肥75千克或尿素20千克和硫酸钾10千克；晚熟品种根状茎开始膨大时，根据长势每667米^{2}再追施硫酸钾复合肥20～30千克。施肥前宜将田间水层降低，施肥后应及时浇水冲洗叶片上留存的肥料，防止灼伤叶片。

5. 除草 在封行前应随时拔除田间杂草。

6. 转藕头 为了使莲藕在田间均匀生长或防止莲鞭穿越田埂，应随时将生长较密地方的莲鞭移植到较稀处，也应随时将田梗周围的莲鞭转向田内生长。莲鞭较嫩，操作时应特别小心，以免折断。

7. 折花打莲蓬 藕莲的多数品种都开花结实。在其生长期内可将其摘除，以利营养向地下部位转移，也可防止莲子老熟后落入田内发芽造成生物学混杂。

8. 采收 青荷藕一般在7月份采收。采收青荷藕的品种多为早熟品种，入泥较浅。在采收青荷藕前一周宜先割去荷梗，以减少藕锈。在采收青荷藕后，可将主藕出售，而将较小的子藕栽在田四周，田内栽一茬作物（如晚稻），子藕在田周围生长结藕，作第二年的藕种。也可在采收时只收主藕，而子藕原位不动，让其继续生长，不挖取，直接作为第二年的种藕。枯荷藕在秋冬至第二年春季皆可挖取。枯荷藕采收有两种方式：一是全田挖完，留下一小块作第二年的藕种；二是抽行挖取，挖取 3/4 的面积，留下 1/4 不挖，存留原地作种。留种行应间隔均匀。原地留种时，次年结藕早，早熟品种在 6 月份即可采收青荷藕。

挖藕的方法目前以传统的人工挖取为主，在少数地区用高压水枪冲开泥土，可提高功效一倍。但能否用高压水枪冲开泥土挖藕取决于土质、品种等因素。

（二）鱼塘种藕

鱼塘种藕与浅水田种藕相似，由于鱼塘有机质丰富、淤泥层厚，更利于莲藕的生长。塘中长出的藕比田中长出的藕更肥大，但塘栽莲藕比田栽莲藕晚熟 10～15 天。

1. 鱼塘选择 选择养鱼 3 年以上、有机质丰富的鱼塘，鱼塘的底部较平，而不是呈较深的锅底状。这样便于水层管理。

2. 定植 定植时间在 3 月下旬或 4 月上旬，用种量及种植密度同田藕一样。定植时塘内水层在 15 厘米以下，利于藕的早发。

3. 除草 在莲藕生长封行前应随时拔除塘内杂草。

在养鱼三年以上的鱼塘内种藕，当年可不施肥，第二年可适当追肥。塘栽藕一般以晚熟品种为好。

（三）设施栽培

覆盖设施主要有塑料小棚、中棚、大棚等。小棚投资少，操作简单，但保温效果较差，可覆盖的时间短，其收获期与露地相比只能提前 10 天左右。大棚保温效果好，覆盖时间长，一般提早采收期 30 天以上，但成本较高，不便移动。中棚一般棚宽3～3.5 米，棚高 1.5～1.6 米，棚长 20～30 米，其保温效果也较好，投资较少，是保护地种藕的一种经济实用的设施。

1. 品种选择 设施栽培宜选用早熟或早中熟品种，如鄂莲1号、鄂莲7号、鄂莲5号、武植2号等。

2. 适时定植 定植时间一般比露地提早15～20天，如武汉地区在3月中旬。

3. 加大用种量 设施栽培的目的主要是获得早期产量，因而相对露地栽培而言，应增加用种量，一般每667米^2 300～400千克，株距80～120厘米，行距120～150厘米，每棚2行，芽头相对，交错排列。

4. 温度调节 从定植到萌发期间，外界温度较低，棚膜要密闭，尽量提高棚内温度。在棚内气温高于35℃时，将棚两端打开通风。棚内温度最高不能超过40℃。日平均气温23℃以上时，揭除覆盖。

5. 水层管理 生长前期，立叶长出水面前灌2～3厘米浅水，以利水温提高，促进早发。随着生长和外界气温的升高，水层可保持在5～6厘米。

6. 追肥 由于保护地莲藕生育期短，追肥分2次。第一次在第一片立叶展开时，每667米^{2}施尿素10千克，将肥料撒施在立叶周围的泥土中。第二次追肥在封行前，主鞭长有5～6片立叶，每667米^{2}施复合肥20千克，促进莲藕膨大。

7. 采收 根据采收目的不同，有两种采收方式：一种是收大留小，即采收主藕上市，留下子藕，继续生长第二季藕。第二种方法是一次性收获，再种植其他作物。

（四）微型藕栽培

1. 整地、施基肥 同常规露地栽培。

2. 种藕准备 要求种藕新鲜、顶芽和侧芽均完好、藕段上无大的机械伤、不带病虫害。种藕单支重0.2～0.3千克。微型种藕每667米^{2}用量150支左右。

3. 定植 长江中下游地区露地栽培一般在3月下旬至4月上旬。定植田保持3～5厘米浅水，田四周的藕头朝向田内，离开田埂0.5米。株行距1.5～2米×2米，摆放方式同常规藕种。

追肥、采收等同常规藕种。

（五）南方两熟栽培

在我国广东、广西、海南等气温较高的南方地区，可进行一年两熟露地栽培。

1. 品种选择 鄂莲1号、鄂莲5～7号等早、中熟品种。

2. 栽种时间 在2月底至3月上中旬定植，7月上中旬采收第一季藕，挖藕的同时选取无病健壮子藕作秋季种藕。秋季定植在7月中下旬以前为最佳时期，迟于立秋后种植的秋藕产量会有所下降。

其他水层管理、追肥、采收等基本同长江流域的露地种藕。

（六）北方保水栽培

在北方一些缺水的地区，通过设施建设达到莲藕在生产过程中保水的目的。节水莲藕池分为两种类型：一种是混凝土砖碴池，又称“硬池”；一种为塑料薄膜池，又称“软池”。硬池使用年份长，但一次性造价高，一般建667米^{2}硬池需费用4 500～5 000元，而软池投资小，每667米^{2}需费用2 000元，但使用寿命较短，一般为3年。

莲池一般分小池和大池两种。

1. 小池栽培

（1）建池：在选好的藕田按南北向开挖硬池，深50厘米，宽250厘米，长2 500厘米。在硬池一侧留60厘米宽的操作道，以250厘米为准，用普通石棉瓦（规格为250厘米×100厘米）和厚0.1毫米聚乙烯膜建造小池。石棉瓦高出地面约50厘米，用薄膜将地底及四周覆严，以不漏水为准。

（2）品种选择：鄂莲系列品种。

（3）池田整理：结合填池土每667米^{2}施腐熟的优质有机肥4 000～5 000千克、磷酸二氢钾60千克、复合肥50千克，与池土混匀。栽前灌水，使泥土呈浆状，保持水层2～3厘米。

(4) 定植：黄淮地区多在4月下旬至5月上旬栽植，每池栽3行共10株，藕头向内，交错排列。每667米^{2}需种藕400千克左右。

其他管理同长江流域中下游地区的露地栽培。

2. 大池种藕

(1) 建池：建一个667米^{2}的硬池约需7 000块砖，水泥6～7吨，石子15米^3，砂土20米^3。地块选好后，用推土机推出60厘米深的坑，然后整平夯实，四壁平整。将水泥、石子、砂土（或石粉）按1∶3∶4比例加水搅拌成浆，平铺池底，厚5～6厘米，然后压平压实，最后用水泥把表面抹光打平，待凝固后，四周砌厚12厘米、高80～100厘米的砖墙，墙面涂抹1～2厘米厚混凝土粉。保证莲池不漏水、不渗水即可。池壁要留排水口，规格20～30厘米。

软池的建设也是将田块挖60厘米深，人工将池底及四壁整平，池底打实，铺上塑料薄膜，两幅薄膜相连处重叠20厘米，用塑料胶粘接，保证接缝不渗水。最后，池口四周用土打成30～40厘米高土埂，把塑料薄膜铺在土埂上并压实。农膜不能破损，农膜如有破损，应用塑料胶及时修补。

(2) 品种选择：如鄂莲系列品种。

(3) 整地施肥：同小池栽培。

(4) 定植：在北方4月下旬定植，株距150～200厘米，行距100厘米。

其他管理同长江中下游地区的露地栽培。

四、籽莲栽培

1. 莲田选择 宜选择阳光充足、排灌方便、土壤有机质含量高、耕作层30厘米左右的水田。

2. 整地施肥 结合整田，每667米^{2}施腐熟牛、猪粪2 500～

3 000千克，生石灰 40～50 千克或绿肥 3 000～3 500 千克，腐熟饼肥 150～200 千克和过磷酸钙 50～100 千克。施基肥后，对莲田翻耕耙平。

3. 选用良种 籽莲优良品种有太空 3 号、太空 36 号、满天星、建选 17 号等，这些品种蓬大、粒多，结实率高。

种藕应顶芽完整，具 2 个以上节间。

4. 定植 长江中下游地区在 3 月底至 4 月初定植，一般每 667 米^{2}定植 120～150 株。定植方法同藕莲。

5. 水深管理 立叶抽生前保持 3～5 厘米浅水，6～7 月上旬水位逐渐加深到 10 厘米，7 月中旬至 8 月底水层可加深到 15～20 厘米，9 月后至冬季保持浅水。

6. 追肥 一般施肥 3～4 次，早施立叶肥，稳施始花肥、重施花蓬肥，补施后劲肥，用好根外肥。当植株长出 1～2 片立叶时，施尿素 20 千克。在 5 月下旬花芽开始抽生时，每 667 米^{2}用尿素 5 千克、复合肥 10 千克，加适量硼、镁、锌等微量元素肥料拌匀施用。6 月上中旬至 7 月中下旬是花蓬生长高峰期，养分消耗大，该时期追肥量要大，从 6 月上旬开始每 15 天追肥一次，每次每 667 米^{2}施复合肥 15 千克、尿素 7～8 千克、氯化钾 3～4 千克，并加适量微量元素肥料，拌匀撒施。为了防止后期脱肥早衰，增加籽莲后期产量，在 8 月上中旬补施一次速效氮肥，每 667 米^{2}施尿素 5 千克。

7. 保叶摘叶 封行时摘除部分枯黄的无花立叶，生长进入盛花期分 1～2 次摘除无花立叶，包括死蕾的立叶；采摘时，每采摘一个莲蓬随手摘除同一节上的荷叶，直到 8 月下旬为止。但分布稀疏的荷叶不要摘取。9 月份以后应保持绿叶，以促进籽粒饱满和新藕形成。

8. 采收 青子期采收鲜莲子。褐子期莲子果皮带紫褐色，莲子与莲蓬孔格之间稍有分离，为加工通心莲采收适期。褐子期以后采收的莲子做干莲子加工。同一大田隔日采收一次。莲子采摘期一般从 6 月底至 9 月底可陆续采收。

五、藕带栽培

1. 莲田选择 宜选择阳光充足、排灌方便、土壤有机质含量高、耕作层30厘米左右的水田或养鱼3年以上的鱼塘。

2. 整地施肥 结合整田，每667米^{2}施腐熟牛、猪粪2 500～3 000千克、生石灰40～50千克或绿肥3 000～3 500千克，腐熟饼肥150～200千克和过磷酸钙50～100千克。施基肥后，对水田进行深耕耙平。

3. 选用良种 宜选用藕带专用品种、晚熟的藕莲品种或籽莲品种。

4. 定植 长江中下游地区在3月底至4月初定植。定植方法同藕莲或籽莲。

5. 田间管理 一般种植藕带的田，在第一年按藕莲或籽莲正常管理，莲藕留存田间不挖取，第二年作为抽取藕带的种藕。冬季田间水位保持5～10厘米。

6. 追肥 每年追肥3～4次，每次667米^{2}施尿素7.5千克、复合肥15千克。

7. 采收 抽取藕带的时间从5月上中旬开始，每隔4～5天抽取一次。若作为籽莲栽培，到6月10日左右即停止采收藕带；若专门作为藕带采收，不管是藕莲或籽莲都可以采收到8月下旬或9月上旬。一般而言，籽莲和野生莲的藕带较细，表皮浅红色，纤维较多，藕莲的藕带较粗，表皮白色，纤维较少。

六、病虫害防治

1. 莲缢管蚜 清除田间水生杂草，特别是水生寄生植物。也可用乐果及菊酯类农药喷雾。

2. 莲潜叶摇蚊 每667米^{2}用晶体敌百虫25克撒入田内。前期摘去受害较重的叶片。

3. 稻食根叶甲 对发生虫害重的田块实行轮作，相邻田块也不宜种藕。冬季排干积水，促使越冬幼虫死亡，清除田间野生寄主，减少成虫取食及产卵场所。在5月初至6月上中旬生虫时，每667米^{2}用菜籽饼粉20千克撒入田中，消灭幼虫。

4. 斜纹夜蛾 幼虫在初龄时群集为害，应摘除虫叶集中消灭，可减轻危害。也可在幼虫分散为害以前，用敌百虫或拟除虫菊酯类农药喷雾。

5. 蓟马 及时用除草剂灭除周边杂草，割去田间枯老荷叶集中烧毁，消灭过冬寄主，减少外来虫源。适时施肥，保证荷叶健壮生长。合理密植，通风透光，干旱季节适时补水。利用蓟马对蓝、红、黄、白等颜色的趋性，在种植池塘周边悬挂粘虫板，诱杀成虫和若虫，减轻危害。发生严重时，用2%甲氨基苯甲酸盐3～4.5克/公顷或1.8%阿维菌素8.1～10.8克/公顷、3%啶虫脒450～600克/公顷，对蓟马都有很好的防治效果，防效在90%以上。

6. 莲腐败病

（1）利用抗病品种及无病种藕。发病田的藕不能做种，否则引起新田发病。

（2）水旱轮作。发病重的田块实行水旱轮作3年，可减少发病。

（3）防治食根金花虫。病菌易从该虫造成的伤口侵入，该虫的防治见前述。

（4）尽量减少人为给地下茎造成的伤口。

七、留种

原原种应在原原种繁殖区内繁殖，由育种者或品种所有者指导进行。原种在原种繁殖区繁殖，繁殖原种用的种藕应来自于原原种，纯度应达97%以上。生产用种宜在生产用种繁育基地内繁殖，繁殖生产用种的种藕应来自于原种或直接来自原原种，纯度应达95%以上。

田块之间宜采用水泥砖墙（深1.0～1.2米，厚25厘米）或空间（3米以上）隔离。原原种繁殖小区面积宜67～667米^2，原种与生产用种繁殖小区面积宜667～6 670米^2。同一田块连续几年用于繁种时，应繁殖同一品种，更换品种时应先种植其他种类作物1～2年。

对于连作的留种藕田，宜推迟10～15天定植，定植前挖除上年残留植株。生长期可根据花色、花形、叶形、叶色等性状进行除杂。进入花期后，宜10～15天巡查一遍，去杂并及时摘除花蕾和莲蓬。进入枯荷期后，对于田块内仍保持绿色的个别植株应予以挖除。采挖种藕时，应根据皮色、芽色、藕头形状和藕节形状等进行除杂。种藕贮运时，同一品种应单独贮藏、包装和运输，并做好标记，注明品种名称、繁殖地、供种者、采挖日期、数量及种藕级别等。

（执笔人：柯卫东，王芸）

第二章

茭白安全生产技术

茭白，又名茭笋、茭瓜，为我国特有的一种水生蔬菜，栽培历史2 000多年。茭白食用部分为变态的肉质嫩茎，是植株受菰黑粉菌寄生后，茎尖受病菌分泌物吲哚乙酸刺激，畸形膨大而成。茭白肉质茎含水分91%～96%，蛋白质1.0%～1.6%，脂肪0.3%，碳水化合物1.8%～5.7%，粗纤维0.7%～1.1%，还含有维生素C和矿物质等。另据分析测定，茭白所含氨基酸种类有10多种，其中人体必需氨基酸有赖氨酸、色氨酸、苯丙氨酸、苏氨酸、异亮氨酸、亮氨酸等，营养丰富，风味鲜美，被喻为“江南三大名菜”之一。中医理论认为茭白性寒，味甘，可止渴，除烦，利大小便。

茭白在中国的分布很广，主产区在长江流域以南各省、直辖市、自治区，长江流域以北的北京、天津、山东、陕西、宁夏及新疆等地有少量栽培。

第一节　生物学特性

一、植物学特征

茭白植株形态见图2-1。

1. 根　茭白具发达的须根系，在植株的短缩茎和根状茎上分布有根系。短缩茎节有须根10～30条，根状茎节5～10条，须根长20～70厘米。新生根粗约1毫米，老根直径2～3毫米，黄褐色，具大量根毛。根系主要分布纵深30～60厘米，横向半径40～

70 厘米范围内。

2. 茎 茭白有短缩茎、根状茎和肉质茎 3 种。短缩茎直立生长，腋芽休眠或萌动形成分蘖，下位节着生须根。部分品种孕茭后节间变长，达 20～30 厘米，茎长达50～100 厘米。进入休眠期后，短缩茎的地上部多死亡，地下部分保持生命力。

根状茎系由短缩茎上的腋芽萌发形成，粗 1～3 厘米，具 8～20 节，节部有叶状鳞片、休眠芽、须根。根状茎一般在翌年初春向上生长，产生分株即“游茭”，3～5 株丛生或单生。

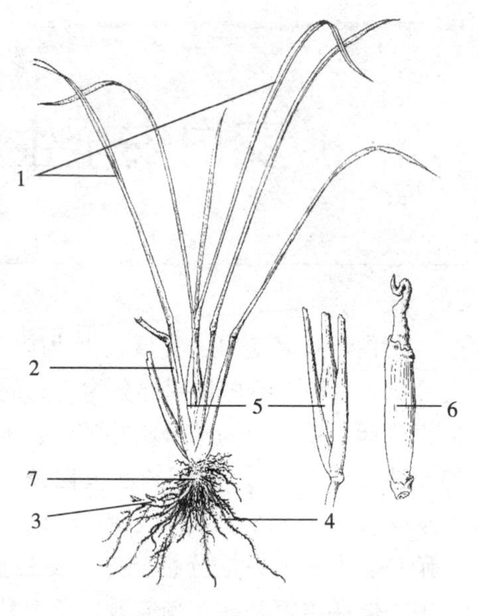

图 2-1 茭白植株形态
1. 叶片 2. 叶鞘 3. 根状茎 4. 根
5. 壳茭 6. 肉质茎 7. 短缩茎

肉质茎系茭白植株茎端受黑粉菌寄生后，黑粉菌分泌吲哚乙酸刺激膨大形成，一般 4 节。肉质茎即食用器官，其形状、颜色、光滑度、紧密度、大小等性状，是区别品种的主要特征。

3. 叶 茭白的叶由叶鞘和叶片组成。叶鞘肥厚，长 50～60 厘米，相互抱合形成“假茎”。叶片条形或狭带形，长 150～200 厘米，宽 3～5 厘米，具纵列平行脉。叶片和叶鞘连接处的外侧叫叶颈，俗称“茭白眼”。栽培茭叶颈通常淡黄色，野生茭通常紫红色。在叶片和叶鞘相接处的内侧有 1 个三角形膜状突起物，称叶舌，它可防止水、昆虫和病菌孢子落入叶鞘内。

4. 花、果 野生栽培茭的雄茭能在 5～8 月份抽穗开花。圆锥花序，长 50～70 厘米。栽培茭白雄茭能开花，但不能形成种子，只有野生茭白才能形成种子。种子为颖果，圆柱形，长约 10 毫米，成熟后为黑褐色。

二、生长发育过程

（一）秋茭生长发育

1. 幼苗期 栽培茭白以短缩茎和根状茎在土壤中过冬。从翌年春天开始萌芽，先长出叶鞘，随后长出1片含叶鞘的不完全叶，再长出第一片真叶，并在茎节部长出不定根的一段时期为幼苗期。这一时期新根开始吸收营养，叶片可以进行光合作用。大田内茭墩10～100厘米距离内会出现许多分株，通常称“游茭”。游茭的发生比茭墩上的茭苗早7～10天。

2. 分蘖期 茭白从定植经过10～15天后返青，即进入分蘖期，至孕茭结束为分蘖期。分蘖期的主要特点是发生分蘖，同时大部分叶片和根系也在此期发生和生长。

通常将主茎上的分蘖称为第一次分蘖，从第一次分蘖上发生的分蘖称为第二次分蘖，依此类推。每穴定植一株时会发生第三次分蘖，而定植4～5株时很少发生第三次分蘖。6月中旬前出现的分蘖，孕茭率在90%以上，且孕茭时间较早，单茭较重。7月以后分蘖苗孕茭率极低，且多在幼苗期就自然死亡或由于生育期太短而未孕茭、孕茭但无商品价值。不同时期出现的分蘖是否能孕茭、孕茭大小与品种也存在较大的关系，如单季茭中的象牙茭，7月份的分蘖多能孕茭，成为有效分蘖。

3. 孕茭期 茭白肉质茎的形成在8月下旬或9月以后，随着气温降低，生长点由于受黑粉菌的刺激而膨大形成肉质变态茎。肉质茎形成的迟早，因品种而异。孕茭时，叶鞘抱合的假茎明显变扁、变粗；叶片的抽生一片比一片短。

（二）夏茭生长发育

夏茭只针对双季茭而言。留田越冬的老茭墩翌年2月即开始抽生茭苗和游茭。游茭一般比茭苗早萌发5～7天，单生或丛生。

在夏茭田中，茭墩上的母株出苗多在 20～30 个以上，发生分蘖较少。而游茭在行间生长空间较大，其分蘖通常在一侧发生或在两侧各发生一个。夏茭的分蘖一般在植株生长到 6～7 叶时发生，因为生育期太短，不能孕夏茭，为无效分蘖。

夏茭孕茭期植株的外部特征与秋茭基本一致，即叶鞘变扁，出叶速率变慢，叶片一片比一片短。在夏茭田内，游茭孕茭一般比母墩上植株孕茭早 5～7 天，且肉质茎一般比母墩植株略大。

（三）对环境条件的要求

1. 光照　对日照反应的不同决定了能否在春夏之交的 5～6 月份孕茭，也是茭白的两大类型双季茭白和单季茭白的区别所在。双季茭白对日照长短要求不严格，不同日照条件下均可孕茭。单季茭白只能在短日照条件下孕茭，也就是只能在秋季才孕茭。因此，单季茭向低纬度或低海拔地区引种时，一般表现为早熟。向高纬度或高海拔地区引种时，多表现为迟熟。

2. 温度　茭白在休眠期内能耐－5℃的低温，萌芽温度5～7℃，分蘖适温 20～30℃，孕茭适温 18～25℃，低于 10℃或高于30℃均不能正常孕茭。昼夜温差大，利于肉质茎的营养积累。

对单季茭而言，其孕茭除需短日照外，温度决定不同品种的熟性。对双季茭而言，对日照不敏感，温度是孕茭的决定因素。不同品种孕茭适温不同，苏州地区的多数品种孕茭适温为 18～21℃，无锡地区的品种孕茭适温为 22～26℃。因此，双季茭白由高温地区向低温地区引种时，提早孕茭，如南种北引；低海拔地区向高海拔地区引种，也会提早孕茭。

双季茭白中的同一品种在夏、秋两季孕茭期的温度是一致的，一般而言，双季茭白夏茭早熟，秋茭迟熟，而秋茭早熟的，则夏茭迟熟。

茭白孕茭对温度的反应是相当稳定的，而与生育期的积温无关。不同大小的茭白植株在适宜的温度和光照下都可孕茭。但植株孕茭后，要形成有一定大小具商品价值的肉质茎必须使植株达到一定大小。多数品种植株通常要达到10片叶以上，形成的肉质茎才会在50克以上。

（四）菰黑粉菌

茭白黑粉菌的双核菌丝寄生在植株体内，菌丝体为许多长筒状细胞连结而成的具有分枝的丝状体。距生长锥较近的幼叶菌丝含量较多，而距生长锥较远的幼叶菌丝则较少。就一片叶而言，叶基部菌丝含量较多，叶顶部菌丝分布较少，叶生长到衰老期后菌丝不再存在。茭白分蘖腋芽发生位点的细胞质浓厚，菌丝体分布较多，菌丝粗壮，且生长旺盛。入秋，一部分菌丝在膨大的茎中形成冬孢子，待肉质茎腐烂，冬孢子散布到寄主体外的田间；另一部分菌丝宿存在直立茎基部（薹管）和根状茎中越冬。越冬菌丝在翌年随直立茎和根状茎萌动生长而繁殖，因此新生的植株一开始就受到菌丝的侵染。

第二节　类型与品种

一、单季茭品种

1. 鄂茭1号　武汉市蔬菜研究所水生蔬菜研究室选育。株型紧凑，株高220厘米，叶鞘绿色，叶片长180～185厘米，宽4.5～5.5厘米。肉质茎竹笋形，洁白光滑，茭肉内仅白色菌丝体无黑粉菌冬孢子，肉质致密，长25厘米，直径3～4厘米，单个净茭质量50克，商品性好。每667米^{2}壳茭产量1 500千克，采收期10月上中旬。

2. 鄂茭3号　武汉市蔬菜研究所水生蔬菜研究室选育。株高225厘米。采收盛期单个壳茭重99.55克，单个净茭重77.95克，净茭率78.30%。肉质茎长21.25厘米，粗3.47厘米，笋形，表皮白色光滑，肉质致密，冬孢子堆少或无。667米^{2}产1 117千克。晚熟，始采期10月18～20日，采收盛期10月20日至11月3日，采收末期在11月7日左右。

3. 秋玉茭优系 武汉市蔬菜研究所从安徽地方品种秋玉茭中选育的优良品系。株高235厘米，单株结茭11.4个，单个壳茭质量106克，净茭率83.1%，净茭表皮光滑，肉质致密，冬孢子堆少或无。净茭笋形，长18.8厘米，宽4厘米，厚3.6厘米。武汉地区采收期9月下旬至10月中旬。每667米^{2}壳茭产量1 600千克。

4. 群力茭 苏州地方品种。株高240厘米。净茭长约20厘米。单个净茭质量约60克。苏州地区9月初开始采收，采收期30天。每667米^{2}壳茭产量1 000千克以上。

5. 蒋墅茭 江苏丹阳市农业技术推广中心与蒋墅乡农业技术推广站选育。株高200～240厘米，叶长披针形，长100～110厘米，宽2.7～3.1厘米，绿色，叶鞘长30厘米左右，肉质茎近圆柱形。上部渐尖，表面略有皱纹，皮肉白色，平均长20厘米左右，横径3.5～4.2厘米，单茭重137克。早熟，分蘖少。生长势中等。

6. 无为茭 安徽省无为县地方品种。株高220厘米，叶长170～180厘米，宽4.0～4.5厘米，叶鞘长58～62厘米。叶鞘绿色。肉质茎竹笋形，表皮光滑洁白，成熟时，茭肉内仅有白色菌丝体。肉质茎质地致密，长20厘米左右，宽3.5～4.0厘米，单个净茭质量88克。每667米^{2}壳茭产量1 000～1 250千克，采收期10月上中旬。

7. 象牙茭 浙江省杭州市郊地方品种。中熟，采收期9月中下旬至10月上中旬。生长势强，株高225厘米，叶片长180～185厘米，宽4.5～5.5厘米，叶鞘长50～55厘米，肉质茎笋形，表皮光滑白色，质地致密，无冬孢子堆，长18～22厘米，直径3～4.0厘米，单个净茭质量75克，商品性佳。每667米^{2}壳茭产量1 000～1 200千克。

8. 美女茭 浙江省绍兴本地农家品种，浙江缙云县主栽品种。株高180～220厘米，叶片长120～165厘米，叶片宽3.7～4.3厘米，叶鞘长50～60厘米。叶鞘绿色，肉质茎竹笋形，表皮光滑、白色，肉质细嫩。肉质茎长 25.6～33 厘米，直径 3～5 厘米，一侧带有红晕，肉质白。单茭重 150～200 克。定植后 100～120 天开始采收，每 667 米^2 壳茭产量 1 600～2 000 千克。

9. 金茭 1 号 1999—2001 年浙江省金华市农业科学院和浙江省磐安县农业局从磐茭 98 茭白变异株中选育而成。植株长势中等，株型紧凑，株高 2.4～2.6 米。每墩有效分蘖 3.4～5.2 个，最大叶长 175～196 厘米，叶宽 4.1～4.6 厘米，叶鞘浅绿色覆浅紫色条纹。壳茭青色，单壳茭质量 110～135 克，平均 124.6 克。净茭 4 节，隐芽无色，净茭长20.2～22.8 厘米，宽 3.1～3.8 厘米。净茭笋形，表皮光滑、白色，口感细脆、略带甜味。正常年份 7 月上旬孕茭，7 月下旬至 8 月下旬采收。每 667 米^2 壳茭产量 1 200～1 460千克。耐肥力中等，耐寒性、抗病性较强。适宜海拔 500 米以上山区栽培。

10. 金茭 2 号 浙江省金华市农业科学院选育。净茭笋形，粗壮，表皮白色、光滑，肉质细嫩，商品性佳。适宜水库库区下游种植，每 667 米^2 壳茭产量 2 200 千克。

11. 丽茭 1 号 浙江缙云县利用美女茭变异株选育而成。极早熟，生育期 97 天左右。株高 240～250 厘米，叶片长 180～190 厘米，宽 3.8～5.3 厘米，叶鞘长 50～60 厘米，植株分蘖力中等。肉质茎竹笋形，表皮白色，光滑，长 12～25 厘米，横径 3.5～4.5 厘米。单个壳茭质量 140～210 克，单个净茭质量100～150 克，肉质细嫩，品质好。对胡麻斑病和锈病的抗性较强。每 667 米^2 壳茭产量 1 850 千克左右。

二、双季茭品种

1. 鄂茭 2 号 武汉市蔬菜研究所水生蔬菜研究室选育。夏茭株高 180～190 厘米，秋茭株高 185～225 厘米。3 月中下旬至 4 月上中旬栽植。肉质茎笋形，单茭重 90～100 克。秋茭早熟，定植当年 9 月上中旬上市，每 667 米^2 壳茭产量 1 250 千克；夏茭

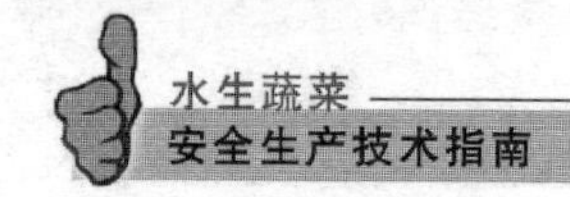

于定植第二年5月下旬至6月上旬上市，每667米^{2}壳茭产量1 250千克。

2. 小蜡台　来源于江苏省苏州市郊。秋茭株高225～230厘米。叶片剑形，长165～170厘米，宽3.5～4.0厘米，叶鞘长50～55厘米。肉质茎蜡台形，表皮白，上部略皱。质地较致密。肉质茎长20～25厘米，宽3.0～3.5厘米，单茭重70～80克。秋茭中熟，9月下旬至10月上旬上市。夏茭早熟，5月上中旬上市。每667米^{2}秋茭产量700千克，夏茭2 000千克。

3. 蒌葑早　江苏省苏州市郊地方品种。生长势中，分蘖力强。秋茭株高230～235厘米，叶片长150～160厘米，宽3.5～3.8厘米，叶鞘长60～65厘米。夏茭株高140～150厘米。叶鞘绿色，肉质茎纺锤形，表皮光滑，较白，节盘圆形。肉质茎成熟时，茭肉内无黑粉菌冬孢子堆，仅有白色菌丝体。肉质茎长10～12厘米，宽3.8～40厘米，包叶较多，单个净茭质量约70克。秋茭成熟期10月中旬，每667米^{2}壳茭产量750千克。夏茭5月上旬采收，每667米^{2}壳茭产量1 500千克。

4. 中秋茭　江苏省苏州市郊地方品种。秋茭中晚熟，9月下旬10月上旬上市，夏茭晚熟，5月下旬至6月上旬，分蘖力中，生长势中。秋茭株高235～240厘米，叶片披针形，长155～160厘米，宽4.0厘米左右，叶鞘长55～60厘米。肉质茎长条形，表皮白色不易变绿，略皱。肉质茎长30～35厘米，宽3.0～3.5厘米，单茭净茭质量90～100克。每667米^{2}秋茭壳茭产量850千克，夏茭壳茭产量1 500千克。

5. 两头早　江苏苏州市郊地方品种。秋茭中熟，10月上旬上市，夏茭早中熟，5月中下旬上市，分蘖力中，生长势中。秋茭株高225～230厘米，叶片剑形，长150～155厘米，宽3.5厘米左右，叶鞘长50～55厘米。肉质茎长条形，表皮白色不易变绿，略皱。肉质茎长25厘米左右，宽3.0～3.6厘米，单茭重70～80克。每667米^{2}壳茭产量秋茭1 000千克，夏茭1 250千克。

6. 广益茭 江苏无锡市郊地方品种。植株较矮，叶色浓绿，秋茭株高185～190厘米，夏茭株高170～180厘米。株型较紧凑，分蘖能力强。地下茎长势较弱，分株较少，一般只有50%～60%的茭墩产生分株。分株分布在茭墩周围20～30厘米范围内。秋茭采收期9月中旬至10月中旬，净茭长约25厘米，单个质量75克，每667米^{2}壳茭产量约1 250千克。夏茭采收期5月下旬至7月中旬，净茭长约20厘米，单个质量约60克，每667米^{2}壳茭产量约1 000千克。

7. 刘潭茭 江苏无锡市郊地方品种。植株高大，叶色较淡。秋茭株高约220厘米，夏茭株高约200厘米。株型较开张，分蘖力中等。地下茎长势较强，分株多，每株大部分分布在茭墩周围50厘米范围内。秋茭采收期9月中旬至10月上旬，净茭长约30厘米，单个净茭质量80克以上，每667米^{2}壳茭产量约1 000千克。夏茭采收期5月下旬至6月底，净茭长约26厘米，单个净茭质量约70克，每667米^{2}壳茭产量约1 300千克。

8. 无锡早夏茭（广80-2） 江苏无锡市蔬菜研究所选育。株型紧凑，株高秋茭180～185厘米，夏茭株高160～165厘米。叶片剑形挺立。叶色深绿。分蘖能力强，地下茎长势弱。游茭苗分布于茭墩附近。品质较好，适应性较强。秋茭采收期9月下旬至10月中旬，净茭长约25厘米，单个净茭质量80克，每667米^{2}壳茭产量1 200～1 300千克。夏茭采收期5月中旬至6月中旬，采收期比广益茭早7～10天，净茭长22厘米，单个净茭质量约70克，每667米^{2}壳茭产量1 300～1 500千克。对纹枯病和胡麻叶病的抗性较强。

9. 青壳种 浙江绍兴农家品种。株高120～140厘米，叶宽3～3.5厘米，净茭长20厘米，净茭直径3厘米，单个净茭质量约50克。7月底至8月中旬定植，9月底至11月上中旬收秋茭，翌年5月收夏茭。每667米^{2}秋茭壳茭产量约750千克，夏茭壳茭产量约1 250千克。

10. 薄壳种 浙江绍兴农家品种。株高110厘米，叶宽2～2.5

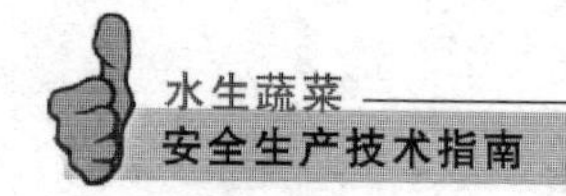

厘米，叶鞘较薄。净茭长约 15 厘米，净茭直径约 2 厘米，单个净茭质量约 25 克。8 月上旬定植。早熟，收获期比青壳种早熟数天，每 667 米^2 秋茭壳茭产量约 500 千克，夏茭壳茭产量 800～900 千克。

11. 梭子茭 浙江杭州市郊地方品种。又名茅子茭。秋茭中熟，9 月下旬至 10 月上旬上市。夏茭晚熟，6 月上旬上市，分蘖力中等，生长势弱。秋茭株高 220～230 厘米，叶片长 160～170 厘米，宽 3.5～4.0 厘米，叶鞘长 50～60 厘米。肉质茎竹笋形，表皮极皱，有瘤状突起。肉质茎长 15～20 厘米，宽 3.8～4.0 厘米，单个净茭质量 70～100 克。每 667 米^2 壳茭产量秋茭 1 000 千克，夏茭2 000千克。

12. 蚂蚁茭 浙江杭州市郊地方品种。秋茭晚熟，10 月上中旬上市。夏茭 5 月上市。分蘖力中等，生长势弱。秋茭株高 220～225 厘米，叶片长约 150 厘米，宽 4.0～4.2 厘米，叶鞘长 50～55 厘米。肉质茎竹笋形，表皮白，上部略皱，质地较疏松。净茭长 18～20 厘米，宽 3.5～4.0 厘米，单个净茭质量 90～100 克。每 667 米^2 壳茭产量秋茭 700 千克，夏茭 2 000 千克。

13. 宁波四九茭 浙江宁波市地方品种。株高 1.6 米，株型紧凑，分蘖力中等。净茭纺缍形，上端较尖，表皮光滑，浅黄白色。单个净茭单质量 65 克，长 21.5 厘米，横径 2.7 厘米。夏茭 4 月中旬至 5 月底采收，每 667 米^2 产壳茭 2 000 千克，秋茭 10 月上旬至 10 月底采收，每 667 米^2 产壳茭 1 000 千克。

14. 浙茭 2 号 浙江农业大学从宁波四九茭中选育而成。中熟品种。生长势较强，株高 150 厘米，分蘖力中等，单株有效分蘖12～15 个，抗病、抗逆性强，适应性广。净茭表皮光滑、洁白，外形短而圆胖，商品性好，质地细嫩，口味鲜美，略带甜味。单个秋茭净茭质量 75 克，夏茭净茭质量 97.2 克。每 667 米^2 秋茭壳茭产量 750～1 250 千克，夏茭壳茭产量 1 250～1 750 千克。

15. 黄岩双季茭白 浙江黄岩市蔬菜办从引进的宁波地方品种

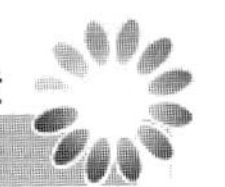

四九茭中经多年系统选育而成。属夏茭为主的低温型两熟茭，适宜保护地栽培。夏茭株高 1.0～1.2 米，总叶片数 8～10 片，经常保持绿叶 6 片。净茭 4 节，长约 20 厘米，直径约 3 厘米，单个净茭质量 75～90 克，结茭率 64～66%。孕茭节位低。净茭肉质洁白，细嫩，纤维含量少，食味佳。每 667 米^2 夏茭壳茭产量 2 000～2 500千克。保护地栽培时 3 月上旬至 5 月上旬采收，比露地栽培提早上市 50 多天。秋茭株高 1.5～2.0 米，孕茭节位高，净茭瘦长，品质一般，单个净茭质量 50～60 克，每 667 米^2 秋茭壳茭产量 750～1 000 千克，秋茭采收期 10 月中旬至 11 月下旬。

16. 浙茭 911 生长势较强，抗病、适应性广，茭肉洁白，光滑，质地细嫩，品质好。夏茭成熟早。每 667 米^2 秋茭壳茭产量 1 000～1 250 千克，夏茭壳茭产量 1 275～1 750 千克。

17. 浙茭 991 生长势中等，分蘖力强，结茭率高，抗病，抗逆性强。茭肉洁白，光滑，品质好。早中熟品种。每 667 米^2 秋茭壳茭产量 1 250 千克，夏茭壳茭产量 1 250～1 500 千克。

18. 河姆渡双季茭白 从当地农家品种选育。夏茭上市早，品质佳。春季定植，定植当年 6 月中旬可收梅茭（带娘茭），下半年收秋茭，第二年上半年收夏茭，夏茭收后改种晚稻及其他作物。秋茭株高 258 厘米左右，净茭长约 22～23 厘米，最大直径 3.5～4 厘米，茭肉洁白，分蘖强，节间短，上部弯曲不明显，单个净茭质量 70～80 克左右，8 月底始收，9 月底至 10 月初终收，每 667 米^2 产壳茭 1 500 千克左右，夏茭株高 223 厘米左右，净茭长 18 厘米左右，单个净茭质量 60～70 克，一般 5 月上旬始收（如 4 月份气温适宜则可在 4 月下旬始收），每 667 米^2 产壳茭 1 500～2 500 千克，收获时间约 1 个多月。梅茭净茭长短与秋茭相似，一般 6 月中旬始收，收获期近 20 天，每 667 米^2 产壳茭约 500 千克。梅茭、秋茭以墩苗结茭为主，夏茭以游茭苗结茭为主。由于游茭苗萌芽早，生长苗壮，因此上市早。游茭苗多，产量高。但为防止种性退化，不宜用游茭苗作种苗。

第三节　栽培技术

一、栽培模式

（一）茭白常规露地栽培季节与茬口配置时间

栽培季节指植株大田占地时间，不包括种墩寄秧和假植育秧占地时间。这里介绍长江中下游地区常规露地栽培季节。不同地区和不同品种的实际栽培季节会有所有不同。

1. 一年生栽培的茭白　品种为单季茭品种。3月中下旬至4月中下旬定植，11月底栽培季节结束。一年生栽培的单季茭田只有3个来月的空闲，且其间历经冬季最寒冷的时期，故一般不安排其他作物茬口配置，而是实行连作。有时进行冬季腾茬清园，实行耕翻冻垡。不过，有些品种比较早熟，9月中下旬至10月上旬即可采收完毕，也可以进行配茬栽培。如果连作年限过长，也应进行轮作换茬。

2. 两年生栽培的茭白

（1）春季定植的茭白：品种为夏秋兼用型双季茭品种，以无锡地方品种为代表。3月中下旬至4月中下旬定植，定植当年采收秋茭，翌年7月上中旬前夏茭采收完毕。

（2）夏秋季定植的茭白：品种为采收夏茭为主的双季茭品种，以苏州地方品种为代表。6月中下旬到8月初定植，定植当年采收秋茭，翌年6月底前夏茭采收完毕。实行两年生栽培的双季茭产区大多实行连作栽培，即每年夏茭采收后，随即清园整地，于当年夏秋季或翌年春季在同一块田内定植下一茬的同类型茭白品种。两年生栽培的双季茭，在上一茬采收后至下一茬定植前有较长时间的空闲，应该考虑进行适宜的茬口配置。

本书将结合实践，针对两年生栽培的双季茭田，提出长江中下游地区可行的茬口配置模式。

3. 多年生栽培的茭白　品种为单季茭品种。多年生（一般为

3～4 年）栽培的茭白大田，第一年 3 月中下旬至 4 月中下旬定植，每年至迟 11 月底当年栽培季节结束。越冬期间仅割除植株地上枯萎部分，种墩留底越冬。因植株长期持续占地，不宜安排其他作物茬口配置（早熟品种采收后，有时可以考虑间作豆瓣菜或水芹等水生蔬菜）。如果种植期结束，应考虑进行轮作换茬，方法参见一年生栽培的茭白。

（二）常规露地栽培中，一年生栽培的单季茭田茬口配置

第一年 3 月中下旬或 4 月至 10 月上中旬，种植茭白；第一年 10 月中下旬至第二年 3 月中下旬至 4 月，种植配茬作物。

（1）茭白（第一年 3 月中下旬或 4 月至 10 月上中旬）—旱生蔬菜（春夏萝卜在第一年 11 月播种，第二年 4 月上中旬前采收；或小白菜在第一年 10 月下旬至 1 月直播或定植，第一年 11 月至第二年 4 月中下旬采收；或花椰菜在第一年 10 月下旬至 11 月定植，第二年 3 月中旬至 4 月上旬采收；或春莴苣在第一年 11 月定植，第二年 3 月下旬至 4 月中下旬采收；或芹菜在第一年 10 月下旬至 11 月上旬定植，第二年 4 月中下旬前采收）。

（2）茭白（第一年 3 月中下旬或 4 月至 10 月上中旬）—豆瓣菜或水芹（第一年 10 月中下旬定植，12 月上中旬开始采收，持续采收至第二年 3 月）。

（三）常规露地栽培中，夏秋季定植的双季茭田茬口配置

第一年 6 月中下旬或 7 月至第二年 6 月种植茭白，第二年 7 月至第三年 6 月中下旬或 7 月种植配茬作物。可以连续种植茭白 2～3 茬后，再种植配茬作物。

（1）茭白（第一年 6 月中下旬或 7 月至第二年 6 月）—小白菜（第二年 7 月上中旬分期播种，25～30 天采收；或第二年 7 月中下旬播种育苗移栽，4～5 片叶时移栽，移栽后 30～40 天采收）—冬小麦（第二年 10 月至 11 月上旬播种，第三年 6 月收割）。

（2）茭白（第一年 7 月中下旬或 8 月初至第二年 6 月）—晚稻

（第二年7月中下旬栽插，10月中下旬收割）—冬闲冻垡（第二年11月至第三年2月）—早稻（第三年3月下旬至4月上旬育秧，4月插秧，7月中下旬收割）。

（3）茭白（第一年7月中下旬或8月初至第二年6月）—晚稻（第二年7月中下旬栽插，10月中下旬收割）—旱生蔬菜（春夏萝卜在第二年11月至第三年1月上旬播种，第三年4～5月采收；或小白菜在第二年10月下旬至1月直播或定植，第二年11月至第三年4月采收；或花椰菜在第二年10月下旬至11月定植，第三年3月中旬至4月上旬采收；或春莴苣在第二年11月定植，第三年3月下旬至4月中下旬采收；或芹菜在第二年10月下旬至11月上旬定植，第三年4月中下旬前采收；或大蒜在第二年7～8月中下旬播种，采收青蒜和蒜薹至第三年4月；或大蒜在第二年9月上中旬播种，第三年5～6月收获蒜头）。

（4）茭白（第一年7月中下旬或8月初至第二年6月）—夏秋茬旱生蔬菜（如春大白菜、结球甘蓝、萝卜、小白菜、红菜薹、晚熟花菜、春莴苣、芹菜、菠菜、雪里蕻、蒌蒿等，在第二年7月及其以后播种或定植，第三年3～4月前采收）—大春播旱生蔬菜（如茄子、辣椒、番茄、蕹菜、西瓜、甜瓜、南瓜、豇豆、菜豆等，在第三年2月下旬至4月上旬播种或定植，7月中下旬前采收）。

（5）茭白（第一年7月中下旬或8月初至第二年6月）—荸荠或慈姑（第二年6月下旬至8月初定植，12月采收，可持续采收至第三年3月）—早藕（第三年3月下旬至4月上中旬定植，7月中下旬采收）。

（6）茭白（第一年7月中下旬或8月初至第二年6月）—豆瓣菜或水芹（第二年9月至10月定植，11月中下旬开始采收，持续采收至第三年3月）—早藕（第三年3月下旬至4月上中旬定植，7月中下旬采收）。

（四）常规露地栽培中，春季定植的双季茭田茬口配置

第一年3月中下旬或4月至第二年7月上中旬种植茭白，第二

年7月中下旬至第三年3月上中旬或4月上旬种植配茬作物。与夏秋季定植茭白田的茬口配置一样，也可以连续种植茭白2～3茬后，再种植配茬作物。

（1）茭白（第一年3月中下旬或4月至第二年7月上中旬）—晚稻（第二年7月中下旬栽插，10月中下旬收割）—旱生蔬菜（要求从播种或定植至采收完毕的时期在第二年10月下旬至第三年4月中下旬之间，符合要求的种类如春萝卜、小白菜、红菜薹、花椰菜、春莴苣、芹菜、菠菜、雪里蕻、萎蒿等）。

（2）茭白（第一年3月中下旬或4月至第二年7月上中旬）—旱生蔬菜（要求从大田播种或定植至采收完毕的时期在第二年7月下旬至第三年4月中下旬之间，符合要求的旱生蔬菜种类很多。在长江中下游地区，这期间可种植1～3茬旱生蔬菜）。

（3）茭白（第一年3月中下旬或4月至第二年7月上中旬）—荸荠或慈姑（第二年7月中下旬或8月初定植至12月采收，可持续采收至第三年3月）。

（4）茭白（第一年3月中下旬或4月至第二年7月上中旬）—豆瓣菜或水芹（第二年9月至10月定植，11月中下旬开始采收，持续采收至第三年3月）。

（5）在武汉地区，部分茭白种植户还曾采用不同类型双季茭白品种进行茬口配置。如鄂茭2号或刘潭茭（夏秋兼用型双季茭品种，春季定植，第一年3月中下旬或4月上旬定植，9～10月采收秋茭；第二年5～6月采收夏茭）—小蜡台（采收夏茭为主的双季茭品种，夏秋季定植。第二年5～6月选种并假植育苗，6月中下旬或7月定植，9月下旬至10月上旬采收秋茭；第三年5月中旬采收夏茭）。

二、栽培技术

（一）土壤准备

做好田园清洁，清除田块周边杂草。耕深20～30厘米，耙平，灌水3～5厘米。每667米^{2}施腐熟厩肥2 000～2 500千克，另外加施磷矿粉40千克和硫酸钾10千克，均匀施入。

（二）种苗准备

正常茭植株百分率不低于93%。秋冬季选留的种墩，老薹管数5个以上，定植前纵劈分成小茭墩，小茭墩至少带1个老薹管和3～5个分蘖苗。夏季选留的分蘖，带根拔下，割去叶片上部，基部留25～35厘米，然后按15厘米行距、15厘米株距假植30～50天。假植期水深3～5厘米。定植时，截去茭苗叶片上部，留株高30厘米。

（三）大田定植

一般3月中下旬至4月中旬用小茭墩定植，每穴一小墩。秋茭迟熟的双季茭白的品种（如群力茭、小蜡台等）可秋季定植，时间宜为7月上中旬，每穴1株。行距100厘米，穴距50厘米，以老薹管或根系入土为宜。

（四）大田管理

1. 单季茭和双季茭定植当年追肥 春季定植大田，定植后10天每667米^{2}施尿素10千克，5月中旬施分蘖肥，每667米^{2}施尿素20千克，6月中旬每667米^{2}施复合肥50千克，8月中下旬施孕茭肥，每667米^{2}施尿素20千克和磷酸二氢钾5千克。夏秋季定植大田，在定植10～15天后开始追肥，每10～15天追肥一次，每667米^{2}每次施尿素10～15千克，共追肥2～3次。

2. 水深调节 3～4月份定植期3～5厘米，5～6月份5～10厘米，7～8月份10～15厘米，9～11月份5～10厘米，越冬期2～3厘米。雨天及时排水，使水面低于茭白眼。

3. 耘田除草和除老叶 定植成活后开始耘田除草，每8～10天一次，至封行为止。7月中旬至8月上旬从叶鞘基部拉除老黄叶，共1～2次。勿损伤植株，拉除的老黄叶踩入泥中。

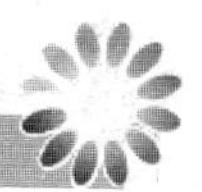

4. 去杂、去劣、割残株 11月底以前将田间杂株、劣株、雄茭及灰茭植株挖除，12月后齐泥割除植株地上枯黄茎叶。

5. 双季茭定植翌年的田间追肥 2月中下旬每667米^{2}施复合肥50千克，3月中旬施尿素15千克、硫酸钾肥15千克，4月上旬和5月上旬分别施尿素15千克。

6. 双季茭定植翌年疏苗、补苗 双季茭定植翌年春季苗高15～20厘米时，对过密株丛疏苗，每株留外围壮苗20棵，同时向株丛中央压泥，促使分蘖散开生长。缺苗穴位，宜从苗多的株丛上取苗补栽，每穴补栽6～8棵。

（五）病虫害防治

胡麻叶斑病用50%扑海因（异菌脲）可湿性粉剂1 000～1 500倍液或40%多·硫悬浮剂700倍液喷雾防治。茭白纹枯病发病初期，用5%井冈霉素1 000倍液喷雾防治。茭白锈病用20%粉锈宁（三唑酮）可湿性粉剂1 000倍液或40%多·硫悬浮剂700倍液喷雾防治。茭白瘟病用50%多菌灵可湿性粉剂1 000倍液喷雾防治。螟虫用80%敌敌畏乳油800倍液或90%敌百虫晶体1 000倍液喷雾防治，也可用性引诱剂或杀虫灯诱杀。长绿飞虱前期用2.5%敌杀死乳油2 500～3 000倍液喷雾防治，后期用25%杀虫双水剂800倍液喷防治。

（六）采收

当孕茭部位明显膨大，叶鞘一侧被肉质茎挤开（茭白眼）1.5～2.0厘米宽的缝隙，秋茭2～3天采收一次，夏茭1～2天采收一次。茭白采收后，宜采用冷凉水（如井水）浸泡保鲜。

（七）留种

茭白产品的形成是本身遗传基础、菰黑粉菌遗传基础以及环境条件三者综合作用的结果，但是菰黑粉菌相对更容易受到环境的影响，而使茭白植株和菰黑粉菌之间的关系发生一定的变化。所以，在一般茭白栽培田内，都会或多或少地出现一些雄茭和灰茭。有些植株虽然表现为正常茭，但在熟性、品质等性状上也发生较大变异，而且一般是劣变。此外，茭白植株游茭发生量较大，而游茭发生的植株雄茭率较高，连续用游茭做种时，雄茭率会很快增高。在连作田或一次定植多年栽培的田块，这种情况更容易发生。因此，茭白生产上十分强调年年选种。茭白选种可以说是茭白生产的关键技术环节之一。

1. 春季定植用种苗 主要在每年秋茭成熟期选留种墩，并做好标记。留种种墩的入选标准为具备品种固有典型性状、无雄茭、无灰茭、薹管低、结茭整齐、结茭早、单株首次采收时的结茭数不少于 4 个。选留种墩数量以翌年拟定植的大田面积为依据，一般按每 667 米^2 选留 350～400 个种墩的量选留种墩。如果选留种墩的数量较小，则可对入选种墩进行标记，采用插杆标记，亦可用长 50 厘米左右的红色塑料绳绑缚于入选种墩薹管基部作为标记。如果需要选留种墩的数量较大，则可在表现比较整齐一致的留种田块内采取去“杂”的方式留种，即在茭白生长期间和采收期间，及时连根挖除雄茭植株、灰茭植株、劣变植株、结茭不整齐的植株、结茭部位较高的植株以及结茭较晚的植株。待茭白植株地上部枯萎后，齐泥割除植株地上部分，挖出留种种墩。春季大田定植用的种墩宜集中寄秧越冬。寄秧时间为 12 月中旬至翌年 2 月中旬，寄秧行距 50 厘米，株距 15 厘米，深度以种墩根系入土为度。寄秧期间水深 3～5 厘米为宜。如无条件寄秧，也可将挖出的种墩原地保存。双季茭白宜专门划定田块，春季定植，秋季作为选留种地，只采收一季秋茭，翌年春季将留种用种墩用于定植。第二年春季定植前 5～7 天越冬种墩萌发后，会出现个别种墩上的幼苗长势过旺，茭苗明显高于周围大多数茭苗的现象，应及时将这些种墩剔除，因为这些种墩一般是雄茭植株。

2. 夏秋季定植用种苗 选种时间为 5 月至 6 月中下旬。选种标准为夏茭结茭早、多、齐，结茭部位低而且品种特征典型的植株，选留对象为春夏季发生但未孕茭的分蘖。将入选分蘖单个从基部连根拔下，在专门的寄秧田内假植，行距 20 厘米，株距 15 厘米。假植秧田要求土质肥沃，充分耕耙，地面平整。每 667 米^2 大田一般需假植秧田约 45 米^2，比实际定植用苗略多，以备秋季大田补苗。假植前先将入选分蘖苗叶片上部割去，基部留 25～35 厘米。假植期间田间保持水深 3～5 厘米，假植 30～50 天。采用该方法选留种时，若在上一年秋季采收时配合进行秋茭选种，则效果更好。秋季选留种墩时，要求单个株丛首次采收时的结茭数不少于 2 个，结茭整齐，薹管较低，品种特征典型，对入选种墩做好标记，留待次年夏季复选，即夏季选留种时只在上年标记的植株上选取分蘖。夏季选留的种苗，一般在当年 6 月下旬至 8 月初定植。有时，由于选留种的时间较晚，也可不经假植而直接定植大田。

（执笔人：刘义满，钟兰）

第三章

芋头安全生产技术

芋头，别名芋艿、毛芋。原产中国、印度、马来半岛等热带沼泽地方，世界广为栽培，但以中国、日本及太平洋诸岛栽培最盛。我国主产区为珠江流域、长江及淮河流域。华北地区以山东省栽培较多。芋头是中国的传统出口蔬菜，出口品种包括速冻芋仔、保鲜芋头、烘蒸芋头、生烤芋头、热炒芋头等多种产品。

芋头主要以球茎为产品器官。据测定，芋头球茎鲜重中含蛋白质1.75%～2.30%、淀粉69.6%～73.7%、脂类0.47%～0.68%、钙0.059%～0.169%、磷0.113%～0.274%、铁0.004 2%～0.005 0%、18种氨基酸及19种微量元素。芋头有清热解毒、健脾强身、滋补身体的作用。叶用芋专以叶柄作蔬菜，也是良好的饲料。近年来，芋头保护地栽培技术发展迅速，加之芋头耐贮藏，可从6月份一直供应到翌年4～5月份。

第一节　生物学特性

一、植物学特征

芋头形态图见3-1。

1. 根　为白色肉质纤维根，须根系，较发达，根毛少。种芋催芽时，根着生在顶芽基部，中下部很少生根。顶芽发育成母芋后，根主要分布在中下部。子芋上的根多分布在中上部。孙芋上很少长根。

2. 茎 有球茎和根状茎。春季球茎顶芽萌发生长后，在其上端形成短缩茎，短缩茎膨大形成新的球茎。球茎有圆形、椭圆形、卵圆形、长卵圆形、圆筒形等。球茎上具显著的叶痕环，节上有棕色鳞片毛，为叶鞘残迹。主球茎通称母芋。在正常情况下，母芋节位上腋芽有 1 个发育形成小球茎，通称子芋，依次类推可形成孙芋、曾孙芋、玄孙芋等。也有品种的腋芽可发育成根状茎，再在其顶端才膨大形成小球茎。

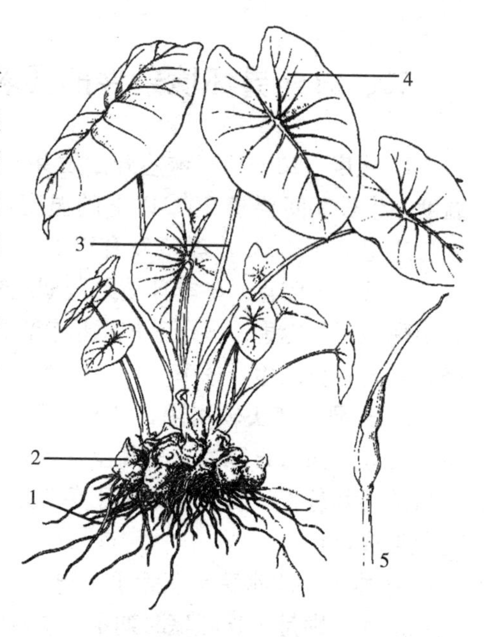

图 3-1 芋植株

1. 根 2. 球茎 3. 叶柄 4. 叶片 5. 花序

3. 叶 互生，2/5 叶系。叶片长 25～90 厘米，宽 20～60 厘米，多为盾形，也有卵形或略呈箭头形，先端短尖或渐尖。叶柄长 40～200 厘米，直立或披展，下部膨大成鞘，抱茎，中部有槽，叶柄呈绿、深绿、紫红或紫黑等不同颜色。

4. 花 佛焰花序，单生，短于叶柄，花柄色与叶柄色基本相关，管部长卵形，檐部披针形或椭圆形，展开成舟状，边缘内卷，淡黄色至绿白色。肉穗花序长约 10 厘米，短于佛焰苞，自上而下分别为附属器、雄花序、中性花序和雌花序。芋头在自然条件下很少开花，极少数品种在个别年份能开花，花期一般在8～9 月份，华南地区也有在 2～4 月份即开始开花的。

5. 果 浆果，种子近卵圆形，紫色，有繁殖能力。

二、对外界环境条件的要求

1. 温度 13～15℃球茎开始发芽，以20℃左右为发芽的适宜温度。生长期间要求20℃以上的温度，但超过35℃不利于生长，生长适温25～30℃，球茎发育以27～30℃为宜，气温降至10℃时，生长基本停止。冬季球茎贮藏期间只要温度不低于6℃，就不会出现冻害和冷害。多子芋能适应较低的温度，魁芋对高温要求严格，并要有长的生长季节，球茎才能充分成长。

2. 光照 芋头较耐阴，甚至在较长时间荫蔽或散射光下也能生长良好。强烈日照加干旱高温常致叶片迅速枯焦，若土壤水分充足可减轻其危害。长日照有利于芋头地上部分生长，短日照有利于球茎形成。

3. 水分 除水芋头应栽于水田外，旱芋头也应选潮湿地栽培。生长期间特别是生长旺盛时期不可缺水。进入秋季，土壤湿度不宜过大，土壤相对湿度保持60%左右为宜，既有利于球茎膨大，又有利于种芋贮藏。

4. 土壤 宜选肥沃、保水力强的壤土，并要求土壤有机质含量达1.5%以上。在芋头整个生长过程中，其吸收氮（N）、磷（P_2O_5）、钾（K_2O）的比例约为$N:P_2O_5:K_2O=1.2:1:2$，增施氮、磷、钾肥均有增产效果，以氮肥效应最大，高产田钾肥的供应水平是产量的限制因素。芋头对土壤酸碱度的适应性广，可在pH值为4.1～9.1的范围内生长，最适宜的土壤pH值为5.5～7.0。

三、生长发育特性

芋头以球茎作繁殖材料，称为种芋。在适宜温度和湿度条件下，种芋萌发至第一片叶展开约需1个月。初期出叶较慢，5月中旬至7月中下旬叶片生长最快，7月中下旬株高和叶面积达最大值，10月以后叶的生长减缓。芋头在整个生长过程中一般可形成20片左右的叶，但进行光合作用的功能叶只保持4～6片。7～8叶位和10～12叶位的叶同化量最大，12～14叶位以上的叶同化量显著下降，因此应延缓第7～14叶的衰老速度。

长江以南地区一般7～9月份为球茎形成盛期。7月上中旬以前，球茎的生长量占整个球茎生长量的9%左右，7月中旬以后球茎的生长量占整个球茎生长量的91%左右，到9月上旬，95%的球茎已经形成，10月份球茎淀粉含量增多。生长后期应避免叶部生长过旺和继续发生新叶，否则不利于养分的转运积累，降低产量及品质。

多子芋可形成多级芋，单株芋可形成子芋10～12个，孙芋10～13个，曾孙芋等较少。魁芋一般只形成母芋、子芋，较少形成孙芋，形成的孙芋也很小。母芋、子芋、孙芋的发育及所占比例依芋的类型及品种而不同，其品质也有很大差别，如魁芋中的槟榔芋以母芋品质最佳，子芋次之，孙芋较黏滑。

第二节　类型与品种

一、类型

芋头分为魁芋、多子芋、多头芋。

二、品种

1. 荔浦芋　魁芋。产广西荔浦县，栽培历史悠久。株高130～170厘米，叶柄上部近叶片处紫红色，下部绿色，叶片盾形，长50～60厘米，宽40～55厘米。母芋长筒形，重1.0～1.5千克，大者可达2.5千克以上。子芋和孙芋长棒槌形，头大尾小，尾部稍弯，芋肉白色，有紫红色花纹。以食母芋为主，肉质细致松粉，特富芳香味。早栽，每667米^{2}产量1 500～2 000千克。

2. 福鼎芋 魁芋。产福建省福鼎县。株高170～200厘米，最大叶片长110厘米，宽90厘米。母芋圆筒形，单个母芋重3～4千克，大者可达7千克以上。芋肉白色，有紫红色花纹。以食母芋为主，肉质细致松粉。早栽，每667米^{2}产量1 800千克，高产者可达2 400千克，生长期240天。主要分布在闽东北、福州地区及浙南温州一带，广东潮汕地区也有一定的种植。

3. 南平金沙芋 多子芋。产福建省南平市。属多子芋乌绿柄品种。株高约120厘米，叶柄乌绿色，芽淡红色，芋肉白色，分蘖性强。母芋圆柱形，重约0.5千克，单株子芋5～8个，近圆柱形，平均单个重83克，孙芋细长，单株孙芋8～12个，平均单个重28克。晚熟。每667米^{2}产量2 500～3 000千克。

4. 莱阳毛芋 多子芋。产山东省莱阳市，栽培历史悠久。属多子芋绿柄品种，如莱阳孤芋、莱阳分芋、莱阳花芋。叶柄、叶片皆绿色，芋芽和芋肉白色，孤芋长势较强。三者地下部分主要性状差异较明显。孤芋子芋呈椭圆形，个大。单株子芋数平均14.8个，平均单个重51克。分芋子芋多呈长筒形，个较小，单株子芋数平均18.8个，平均单个重36.4克，另有孙芋、曾孙芋甚至玄孙芋。花芋子芋卵圆形，球茎节与节之间有1条淡色的环，似花纹，单株子芋数平均16.4个，平均单个重35.4克。每667米^{2}产量2 000～2 500千克，高产者可达3 400千克。

5. 红芽多子芋 多子芋。产江西、浙江等地。属多子芋乌绿柄品种。株高160厘米，叶片长62厘米，宽40厘米，叶柄乌绿色。芋芽淡红色，芋肉白色。母芋近圆形，重0.35千克，单株子芋7～10个，长卵圆形，单个重50～75克。每667米^{2}产量2 500～3 000千克，晚熟，质地柔软，略具香味。

6. 桃川香芋 魁芋。湖南省江永名贵特产。品质极佳，食味独特，具有香、酥、嫩、鲜等特色。主产于湖南省江永县桃川、上洞、城下、粗石江、清溪等地。属魁芋类大魁芋中的优良品种。生长期190～200天，株高115～130厘米，母芋外形像槟榔，部较尖，横切面上有细紫红色斑纹，子芋个体较短，环母芋生长。肉质粉，香味极浓，品质好。单株产量 1.5～2 千克，每 667 米^2 产量 1 000～2 000千克。

7. 鄂芋 1 号 多子芋。武汉市蔬菜科学研究所选育。属多子芋红紫柄品种。叶柄红紫色，叶片绿色，株高 100～130 厘米，叶片长 55 厘米，宽 44 厘米。子孙芋卵圆形，整齐，棕毛少。单株子芋数平均 12 个，单个重平均 72 克，单株孙芋数平均 16 个，单个平均重 38 克。芋芽、芋肉白色，肉质粉，风味佳。每 667 米^2 产量 2 000～2 500 千克。早熟。

8. 乌杆枪 多子芋。产四川省泸州市，栽培历史悠久。属多子芋红紫品种。叶片绿色，蜡粉中等。叶柄黑紫色，叶背脉有紫色斑纹。子芋近圆形，外皮棕色，鳞片白色，球茎肉质细软黏滑，品质较好。每 667 米^2 产量 2 000～2 500 千克。

9. 莲花芋 多头芋。产四川省宜宾地区，栽培历史悠久。株高 90 厘米左右，芋球茎扁平状，母芋、子芋连结成块，外皮红褐色，单株产量约 1.5 千克，球茎肉质致密，水分少，淀粉多，香味浓，作旱芋栽培。每 667 米^2 产量 1 000～1 500 千克。

第三节 栽培技术

一、栽培区域及季节

根据自然地理环境条件和栽培特点，芋主要分布在以下几个区域：

1. 华南区 主要包括广东、广西、云南、福建、台湾等省、自治区。这些地区雨量充沛，气温较高，全年无霜，芋可露地越冬。从 12 月至翌年 2 月定植，9 月以后随时上市。

2. 华中区 包括湖南、湖北、江西、浙江、四川及江苏、安徽南部。这些地区年降水量 750～1 000 毫米，1 月份平均气温 0～12℃，全年无霜期 240～340 天，3 月下旬至 4 月上旬定植，秋末冬初霜降到来之前收获，也可通过培土等防护措施就地安全越冬，一直收获至第二年3月下旬至4月上旬。

3. 华北区 包括山东、河南、河北、山西、陕西的长城以南地区及江苏、安徽的淮河以北地区。这一地区雨量较少，冬季寒冷，全年无霜期200～240天。4月中下旬定植，9月下旬至10月均可收获。

芋的生长期较长，应适当早播，延长生长期。由于芋不耐霜冻，播种期应以出苗后不受霜冻为前提，保护地栽培可提早15～20天播种，露地栽培时，各地最迟的播种期一般最好不要迟于适宜播种期后的1个月。

二、栽培方式

有水田栽培和旱地栽培两种形式。旱地栽培可分为露地栽培和覆膜栽培。栽植的方式分单行和双行两种。单行栽培的密度为：多子芋株距30～40厘米，行距70～80厘米，每667米^{2}栽2 000～3 500株；魁芋株距50～60厘米，行距80～110厘米，每667米^{2}栽1 000～1 600株。双行栽培的密度为：多子芋畦宽90厘米，沟宽30厘米，株行距30～40厘米，每667米^{2}栽3 000～4 000株。魁芋畦宽110～120厘米，沟宽50～60厘米，畦内行距60～80厘米，株距30～40厘米，每667米^{2}栽1 000～1 600株。

三、茬口安排

（一）间作套种

1. 芋间作西瓜 3月中旬整地施肥，并按双行起垄，覆地膜，隔3垄留出130厘米宽的西瓜间作带，在带中栽2行西瓜（提前40天育苗），小行距33厘米，株距60厘米，每667米^{2}栽600株。为了使西瓜早熟、高产，减少对芋的影响，西瓜需选早熟品种，于4月中下旬移栽。西瓜6月下旬成熟，7月底8月初收获后，每条间作带再套种2行大白菜。

2. 芋间作莴苣　3月中下旬按双行起垄，覆地膜。在垄沟移栽莴苣（提前40～50天育苗），株距20厘米，每667米^{2}种2 000～2 500株，5月中下旬莴苣即可收获上市。这种方式比单种芋每667米^{2}多收莴苣1 500千克左右。

3. 芋间作马铃薯　马铃薯为低温作物，播种时间早，生长速度快，收获早，是半年生作物。芋播种晚，苗期耐阴，生长期长，收获晚，是一年生作物。二者间作影响小。间作方法可参考芋间作莴苣。北方还有芋间作四季豆、小白菜、甘蓝等。

4. 芋间作辣椒　广西荔浦种植荔浦芋时多采用此法。早辣椒于上年11月中旬选用早熟品种，采用小拱棚保温育苗（荔浦芋于1月上旬左右育苗）。早春整地起畦，畦宽120厘米，两边种荔浦芋，中间种2行辣椒，时间以2月底3月初为宜。芋的株距35厘米，行距110厘米，盖地膜，每667米^{2}种2 000～2 200株。在芋的行中间按株距30厘米、行距35厘米定植辣椒苗，每667米^{2}种3 000株。

（二）轮作换茬

1. 芋与旱生菜轮作　芋可与秋冬旱生蔬菜轮作。芋选早熟品种，3月中下旬至4月上旬种植，8月中旬采收。芋采收后及时起板炕地15～20天，然后两耕两耙。秋冬旱生蔬菜提前育苗，8月下旬9月上旬定植。与芋轮作换茬的秋冬旱生蔬菜常用的有红菜薹、秋菠菜、花椰菜、秋莴苣、叶用莴苣、秋冬萝卜、大白菜等。

2. 芋与水生蔬菜轮作　芋可与水芹、荸荠、豆瓣菜轮作。芋3月中下旬至4月上旬种植，8月中旬采收，采收后及时耕地耙地2次。水芹、豆瓣菜于8月下旬至9月上旬育苗，9月中下旬移栽；荸荠于春季育苗，夏季分株，8月中旬移栽。

四、栽培技术

（一）旱地栽培

1. 土壤准备　芋对土壤的适应性比较强，沙土、黄黏土等各类土壤都可种芋，但宜选肥沃、保水力强的壤土，同时有良好的排灌。芋连作时生长不良，产量降低且腐烂较严重。芋连作一年会减产20%～30%，故应实行 2～3 年以上的轮作。

魁芋要求深耕 30 厘米以上，多子芋的土壤耕作层以 25～30 厘米为宜。冬前适当深耕，定植前一周再耕一次，此次耕耙应配施基肥，所有基肥耕前撒施，也可结合开沟或作畦沟施。芋生长期较长，肥料的 85%应作基肥施入。基肥施用腐熟的堆肥、厩肥、饼肥、禽肥、草木灰、垃圾等，每 667 米^2 施 2 000～2 500 千克，另施过磷酸钙 30～40 千克、硫酸钾 20～30 千克等。

2. 种苗准备

（1）种芋选择　从无病田块中健壮植株上选母芋中部的子芋作种。种芋应顶芽充实，球茎粗壮饱满，形状完整。多子芋每 667 米^2 需种芋 100～250 千克。母芋也可作种，一般每个母芋切 4 块左右较为合适。多头芋通常切分为若干块作种，用种量依品种、种芋大小、栽培密度等不同，每 667 米^2 约 50～200 千克。魁芋一般以子芋作种较好，每 667 米^2 需种芋约 50 千克。种芋在播种前一般要晒 3～4 天，促进发芽。

（2）催芽　芋可直播，也可根据实际需要提前 20～30 天催芽。加温苗床、保温苗床或向阳背风且排水良好的露地盖以塑料薄膜，保持 20～25℃的温度和适当的湿度，即可用来催芽或育苗。苗床底土应压实。苗床上铺土厚度以能播稳种芋为度。种芋排放的密度以 10 厘米左右见方为宜。再用堆肥或细土盖没种芋，然后喷水，保持种层湿润，盖上塑料薄膜即可，气温较低的地区可加盖小拱棚。有些地区利用土炕或在温室中用薄膜覆盖催芽，温度控制在 20～25℃。催芽的种芋待芽长 3～4 厘米时播种。

3. 播种　露地栽培一般于开沟栽植后于生长季节分期培土起垄，也可先起垄；地膜覆盖栽培一般是先起垄，后播种覆膜。露地栽培播种时，先按行距开好定植沟，沟深 20 厘米左右，然后在沟底施基肥，再按株距将种芋芽向上栽好后覆土，厚度以芽上 2 厘米为宜。若先起垄，需按垄距先起垄施基肥后播种。地膜覆盖栽培播种时，先按畦宽开沟起垄，然后按要求播种，播种深度 15～18 厘米。也可先开沟播种，后起垄覆膜，具体方法：先按垄距开好定植沟，单行栽培时沟略窄，双行栽培时宽，沟深 10 厘米左右，然后在沟底施基肥，再按株距将种芋芽向上栽好后，培土起垄，垄高 15～18 厘米。播种后，喷施除草剂，然后覆盖地膜，地膜必须贴紧畦背，四周用土压实，以保温保墒，防止杂草生长。芋芽出土后要及时破膜引苗，膜口宽 20 厘米，并用泥土压实膜口，以防止晴天膜内温度高，热气从膜口排出，烧伤幼苗，发现缺苗时应及时补上。

4. 田间管理

（1）水分管理　定植后一个月内严禁芋穴内积水。6～8 月份随着气温升高，水分蒸发量大，植物生长加快，需水量也逐渐加大，土壤要保持湿润，特别是 7、8 月份高温季节畦沟内可保持适量水分。后期土壤以湿润为主。收获前 20 天，应停止灌水，以利于球茎越冬贮藏。

（2）中耕培土　第一次中耕应在发芽期进行，浅中耕，以保持土壤疏松通气。6～7 月份再结合中耕除草追肥，培土 2～3 次，培土厚度逐步增加，最终培土厚度从垄底至垄顶为 20 厘米左右。起垄栽培，一般结合中耕少培土或不培土。

（3）追肥　第一次在幼苗有 2～3 片叶时进行，浇施稀薄粪肥，视土壤肥力和苗情可加入少量尿素或碳铵。第二次和第三次每 667 米^2 分别施用复合肥 25 千克和少量钾肥。7 月底以前追肥必须施完。

（二）水田栽培

1. 土壤准备　选择肥沃、保水力强的壤土，大田宜在定植前 7～10 天清除杂草，每 667m^{2}施腐熟粪肥 2 000～2 500 千克、复合肥 50 千克、硫酸钾 20～30 千克，耕平耙细。

2. 种苗准备　采用塑料小拱棚或大棚设施育苗，浇足底水，将种芋根部朝下平放于畦面，再盖 4 厘米厚营养土，插拱盖膜，四周用土块压实，设施内温度宜为20～25℃，稳定高于23℃时，揭膜通风。1～2片真叶时移栽定植。

3. 定植 3月下旬至4月中旬定植，栽培深度以芋种球茎全部埋入泥土、芋柄露出水面为宜。

4. 田间管理 水芋移植时保持2～3厘米浅水，田间水层自然落干后保持湿润4～5天，然后再灌4～5厘米浅水，再落干，干湿交替，促进根系深扎，进入6～9月盛夏季节，田间保持10～12厘米水层，以降低地温，调节田间小气候；秋天气温下降后，水位应回落至5厘米左右；收获前15天左右排干田水，保持田间湿润待收。

第一次施肥在幼苗第一片叶展开时，每667m²施尿素20千克。当株高50厘米，具有3～4片叶时，每667m²用饼肥50千克、复合肥25千克，封行前进行第三次追肥，每667m²施复合肥25千克，并加施钾肥。7月底以前施完。

（三）病虫害防治

1. 芋软腐病 选用耐病品种，如红芽芋。实行2～3年的轮作。施用充分腐熟的有机肥。发现病株开始腐烂或水中出现发酵情况时，要及时排水晒田，然后喷洒72%农用硫酸链霉素、1∶1∶100波尔多液等，隔7～10天喷1次，连续防治2～3次。

2. 芋疫病 种植抗病品种。从无病或轻病地选留种芋。实行轮作。及时铲除田间零星芋株，并收集烧毁病残物。加强肥水管理，施足基肥，增施磷钾肥，避免偏施过施氮肥，做到高畦深沟，清沟排渍。及早喷药预防，药剂可选用25%甲霜灵可湿性粉剂、70%乙膦·锰锌可湿性粉剂、64%杀毒矾可湿性粉剂等，隔7～10天喷1次，连续防治2～3次。

3. 斜纹夜蛾 清除田边和田中杂草。发生时，喷施4.5%溴氰菊酯或20%灭扫利乳油（甲氰菊酯）、80%敌敌畏乳油、80%敌百虫晶体或可湿性粉剂等。

4. 芋单线天蛾 多发生在7～8月份，在田间喷药防治其他害虫时可兼治此虫。

5. 朱砂叶螨 铲除田边杂草，清除残株败叶。天气干旱时注意灌溉，增加湿度。发生时，喷施20%螨克乳油（双甲脒）、20%灭扫利乳油（甲氰菊酯）等。

五、采收与贮藏

（一）采收

芋叶变黄衰败是球茎成熟的象征，此时采收淀粉含量高，食味好，产量高，为了提早供应可提前收获。对于冬季气温较高的地区，芋成熟后可留在土中，在霜降前培土一次，可安全越冬，延迟供应到第二年4月份。长江以南早熟种能在8月前开始采收，晚熟种在10月采收。采收最好选在晴天，以便晾干芋球茎表面水分，对于晚收者也可防止冻害。作商品芋采收时，将母芋和子芋分开，尽量保证子芋、孙芋连结不分开，减少伤口。作种芋采收时，最好整株带土采收。每667米^{2}产量2 000～2 500千克。

（二）贮藏

芋安全贮藏的适宜温度为6～10℃，空气相对湿度为80%～85%。

1. 室内挂藏 将采收后的芋球茎晾晒2天，晾干球茎表面水分，后用网袋装起后挂藏于室内。若整株留种，没有网袋时，也可用草绳绑成吊团挂藏，并注意经常通风。

2. 室外堆藏 选择背风向阳、地势高燥、排水良好的墙边，将挖取的整株球茎逐层堆放，高度一般不超过150厘米，堆放好后，上面盖一层秸秆，再在秸秆上盖一层薄膜，冬季气温较低时，可增加秸秆厚度。堆藏过程中每隔20～30天抽样检查堆内贮藏情况，以防堆内温度过高引起霉烂。

3. 窖藏 选择背风向阳、地势高燥、排水良好的室外或室内挖地窖，大小视贮藏量而定。底铺细土与秸秆各一层，中心部用秸

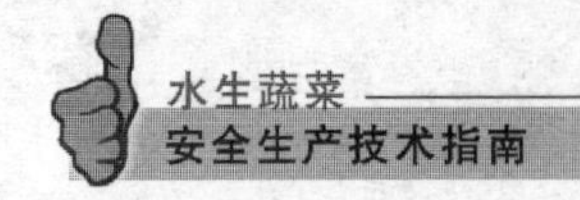

秆作通气孔。将芋球茎与干细土层层码放，最后覆土做成屋脊状，拍实，防渗水。

4. 田间培土贮藏 冬季气温较高的长江以南地区可采取田间就地培土贮藏。10月中旬清理厢沟，让芋田土渐干，10月底至11月上中旬培土15厘米。此方法简单易行，贮藏种芋，第二年春季可较早萌发。

（执笔人：黄新芳，孙亚林，董红霞）

第四章

蕹菜安全生产技术

蕹菜，别名空心菜、竹叶菜、通心菜、藤菜。我国蕹菜主产区为珠江流域和长江流域，黄淮流域及其以北地区亦有一定量的栽培。蕹菜适应性强，产量高，栽培技术简单，供应期长且生产成本低。

据测定，每100克新鲜蕹菜含蛋白质2.3克、钙94毫克、磷36毫克、铁100毫克、维生素C 43毫克，营养价值较高。传统中医认为，蕹菜气味“甘，平，无度”，煮食或捣汁生服，可解胡蔓草毒（即野葛毒）。国外有人研究，蕹菜紫红色类型品种嫩芽含有类胰岛素物质，适于糖尿病人食用。

第一节　生物学特性

一、植物学特征

蕹菜形态特征见图4-1。

1. 根　蕹菜实生苗根系发达，主根明显，深可达20～30厘米。扦插苗易生不定根，数量多，分布浅。

2. 茎　蔓性，节间中空，前期直立，后期呈匍匐或缠绕状生长，长可达1～5米。分枝能力强，节部易生不定根。茎粗可达1.0～1.5厘米，茎截面近圆形或圆形，茎色有白、浅绿、深绿、浅红及紫红等。

3. 叶　互生。不同品种间或同一品种植株不同生育期叶形均有

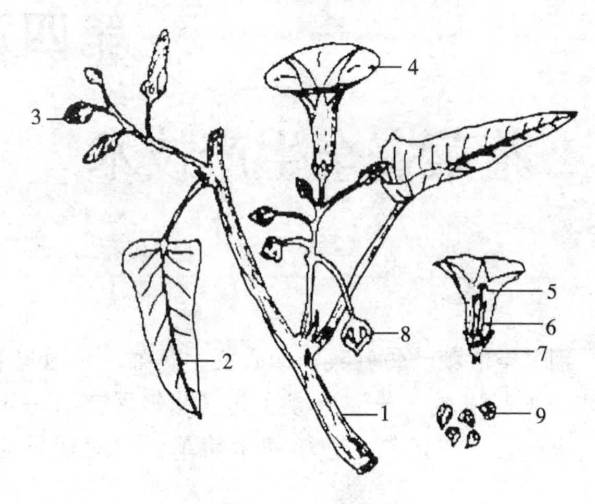

图 4-1　蕹菜植株

1. 茎　2. 叶　3. 花蕾　4. 花
5. 雌蕊　6. 雄蕊　7. 子房　8. 果实　9. 种子

较大差异。成熟叶片有披针形、长卵形、卵形、阔卵形或近圆形，叶基楔形、心形、戟形或截形，叶尖锐尖、钝尖或尖凹，全缘，叶面平滑或微皱。大叶品种叶片长、宽均可达 20 厘米以上，小叶品种叶片有的长不足 10 厘米，宽不足 1 厘米。叶色浅绿或深绿。

4. 花、果及种子　花两性，合瓣，漏斗状，花径 5～7 厘米，雌蕊 1 枚，雄蕊 5 枚。雄蕊紧贴雌蕊四周，不等长，长度依次为 9.5 毫米、10.2 毫米、12.0 毫米、15.0 毫米、17.0 毫米，雌蕊长 15.4 毫米。花瓣白色，冠喉有白色、粉红色、浅紫色、紫色等类型，且冠喉白色者柱头白色，冠喉红色或紫色者柱头红紫色。花序腋生，每花序有花 3～20 朵。蒴果，每果结子 4 粒，种皮褐色，少数品种种皮白色，种皮外披短茸毛，半圆形或三角形，千粒重32～47 克。

二、对环境条件的要求

蕹菜种子萌发适温 20～35℃，生长适温 25～30℃，能耐35～

40℃高温，15℃以下生长缓慢，10℃以下停止生长，遇霜冻则叶片枯死。

蕹菜为短日照植物，但不同品种对日照长短的敏感性有较大差异。原产珠江流域及其以南地区的地方品种引种长江流域后，常表现为结子能力下降或不结子。对日照敏感的品种，如泰国蕹，其幼苗达12片左右真叶时，才能受短日照的诱导而转向生殖生长。

蕹菜对土壤适应能力较强，水田旱地均能适应。养分吸收以氮、钾较多。例如泰国蕹实生苗，对氮的吸收量在播后10天占植株吸收量的1.9%，20天占7.5%，30天占36.1%，40天占54.4%。磷、钾、铜、镁的吸收动态与氮相似。氮、磷、钾吸收比例在生长20天时为3∶1∶5，40天时为4∶1∶8。

第二节　类型与品种

一、类型

栽培上根据不同的分类依据，可将蕹菜品种分为不同类型。

1. 以结子性为依据　凡能正常开花结子、生产上以种子留种越冬繁殖的品种，称为子蕹，如吉安大叶蕹、鄂蕹菜1号、大圆叶等。某些品种在部分地区虽然不能正常开花结子，或结子量极少，但生产上仍可从外地（南方）调购种子用于生产，亦称为子蕹。如泰国白梗蕹、柳江细叶蕹等品种在长江中下游及其以北地区不能正常开花结子，或结子量极少，但均可从南方调购种子用于播种栽培，因而亦称为子蕹。凡不能正常开花结子或结子量极少，生产上以种藤留种越冬繁殖的品种称为藤蕹，如博白水蕹、重庆藤蕹、抚州藤蕹等。

2. 以栽培环境为依据　通常将在旱地栽培的蕹菜称为旱蕹，将在水田栽培或以浮水形式栽培的蕹菜称为水蕹。一般旱蕹采用子蕹品种，水蕹采用藤蕹品种。实际上，不论子蕹还是藤蕹品种，均可作为旱蕹和水蕹栽培。而且，所有蕹菜品种用其作水蕹栽培时，

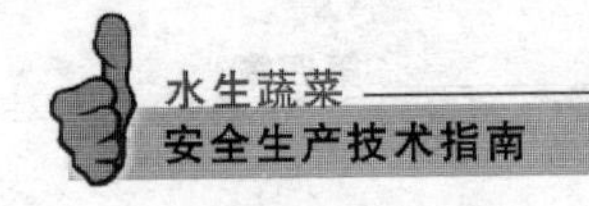

都可表现出长势旺、产量高、质地脆嫩的优点。

3. 以花色为依据 一般分为白花蕹和红花蕹品种（冠喉粉红、浅紫、紫色者均视为红花蕹）。我国栽培蕹菜品种大多为白花蕹类型。

4. 以种皮颜色为依据 根据种皮颜色可分为褐子蕹品种和白子蕹品种。栽培品种大多为褐紫类型品种。

5. 以叶片大小为依据 一般分为小叶蕹、中叶蕹和大叶蕹三类。我国华南、西南地区小叶蕹和中叶蕹品种较多，长江中下游地区以大叶蕹居多。所谓叶片大小通常以产品叶片大小为依据，而且小叶、中叶、大叶之间并没有明确的界限。

二、主要品种

1. 吉安大叶蕹 又名吉安竹叶菜。源于江西吉安，长江流域引种较多。蔓性强，分枝多，长势旺，较耐低温，早熟，采收期长。株高45厘米。主蔓粗约1.28厘米，节间长12厘米。叶片绿色，阔卵形或卵形，叶基耳垂形，叶尖锐或钝，叶面平滑。成熟叶片长18～22厘米，宽15厘米，叶柄长16～24厘米，粗0.5～0.68厘米。白花，花序腋生，结子性强。品质好。早栽每667米^{2}产量4 000千克。

2. 泰国白梗 由泰国引进。株直立至匍匐，株高45～50厘米。主蔓粗约1厘米，节间长8～12厘米。茎白色，管壁薄。叶色浅绿，叶片长卵形至披针形，叶尖锐尖或钝尖，叶基耳垂形，叶面平滑。叶片长13.5厘米，宽7.7厘米。花期较晚，武汉地区8月下旬现蕾开花，结子少。质地脆嫩，品质优良，每667米^{2}产量3 500～4 000千克。

3. 鄂蕹菜1号 株高48厘米，开展度40～48厘米。茎淡绿色，较直立。主茎粗约1.30厘米，叶长卵圆形，前端渐突，基部心脏形，色浅绿，叶面光滑。叶柄长12～15厘米，叶片长18～20厘米，宽15～18厘米。白花。耐寒性较强。品质好，质地脆嫩。

丰产性较好，保护地早熟栽培每 667 米^2 产量 3 000 千克左右。

4. 博白水蕹　源于广西博白。蔓性强，分枝多，生长快。株高 45 厘米。主蔓粗 0.6～1.0 厘米，节间长 4.6 厘米。叶片披针形或三角状披针形，叶基心脏形或近戟形，叶尖锐尖，叶面平，深绿。叶片长 11 厘米，宽 3.6 厘米，叶柄长 10 厘米，粗 0.3 厘米。在武汉地区不开花，宜水栽，可采收至 10 月中下旬。质地脆嫩，炒食不易变色，风味浓，品质佳。每 667 米^2 产量5 000千克。

5. 重庆藤蕹　源于重庆万州区。蔓性强，长势旺，分枝力强，株高 45～50 厘米。叶片三角状卵形，叶面平滑，深绿色。叶基心形，叶尖钝或锐，全缘。叶片长 6 厘米、宽 3 厘米，叶柄长 4 厘米。粗 0. 3 厘米，浅绿色。茎浅绿色，节间长 2 厘米。质地脆嫩。

6. 鸡丝蕹　源于广东。前期直立，后期蔓性，株高 37～40 厘米。茎叶深绿色，主蔓粗 0. 8 厘米，节间长 10. 3～12. 0 厘米。叶片披针形，叶尖锐尖或钝尖，叶基心形，叶面平。前期叶片呈窄披针形，宽 1 厘米以下。成熟叶片长 10. 8～17. 5 厘米，宽 3. 2～6. 6 厘米，叶柄长 8～15 厘米，粗 0. 28～0. 45 厘米。花白色，武汉地区 7 月底至 8 月上旬以后现蕾开花，结子少。质脆，味浓，品质优。每 667 米^2 产量 2 500～3 000 千克。

第三节　栽培技术

一、栽培季节与茬口安排

长江中下游地区蕹菜露地栽培时间为 4 月上旬至 9 月下旬，若采用设施栽培则可以实现周年供应。由于蕹菜栽培期较长，且从种到收的间隔期较短，又可进行多次采收，故其茬口安排比较灵活。现介绍几种适于武汉等长江中下游地区的模式，供参考使用。

蕹菜（4～9 月份）—豆瓣菜（10 月至第二年 4 月）

蕹菜（2 月下旬至 3 月上旬于设施内播种，4 月上中旬一次性采收）—春豇豆（4月中下旬播种栽培，6～7月上旬采收）—秋豇豆（7月中下旬播种栽培，8月底至9月上中旬采收）—秋冬萝卜（9月中下旬播种，12月采收）

蕹菜（4～6月份）—夏秋萝卜（7月上旬至8月上旬播种，8月下旬至10月中旬收获）—冬春萝卜（10月中旬播种，次年3月下旬至4月上旬收获）

蕹菜（2月下旬至8月份）—红菜薹（9月上旬至10月上旬定植，10月至次年2月收获）

蕹菜（4～8月份）—大蒜（8月中旬播种，次年3月收完）

蕹菜（5～8月）—春莴笋（10月前后定植，次年4月至5月收获）

另外，蕹菜还可与结球甘蓝、花椰菜、小白菜、菠菜等进行轮作换茬。蕹菜与丝瓜间套作，亦为一种较好的栽培模式。

二、秧苗准备

（一）子蕹育苗

长江中下游地区保护地育苗可于3月中旬至4月中旬进行，其后时间可露地育苗。早春保护地育苗采用塑料薄膜小拱棚或与大棚配合使用。床土要求疏松，肥沃，透水，透气。先用55℃温水浸种10分钟，再在25～28℃水中浸种18～24小时或常温下浸种24～36小时，其间换水1～2次。浸种后用0.3%种子重量的杀虫剂和杀菌剂拌种消毒，置25～35℃下保湿催芽2～3天即可播种，每平方米苗床75克。一般每667米^{2}大田按1千克种子用量下种育苗。播后洒清水一次，最后覆2厘米厚细碎腐熟有机肥或肥沃细土。

用露地苗床育苗时，要求保持土壤湿润，晴天早晚各浇水一次。温棚育苗时，若气温过高，应于晴天中午揭膜通风2小时左右，勿使棚内温湿度过高。齐苗后可浇5%～10%的稀薄腐熟人粪尿一次。苗龄40～50天，苗高20厘米以上即可定植。定植前数日揭膜炼苗，增强适应性。

（二）藤蕹育苗

长江中下游地区于2月中旬选择健康、芽体完好的越冬种藤，种藤要求健壮、充实、无病虫害或病虫害极轻，节间数≥3，茎长不低于15厘米，且不长于25厘米，纯度达92%以上。先用50%多菌灵可湿性粉剂800倍液消毒，然后按3～5厘米间距摆放，并覆湿润细土2厘米，35～40℃下催芽3～5天或20～30℃下催芽10～15天可出芽。于3月中下旬或4月上旬将种苗连种藤一并从催芽苗床移入育秧苗床培育。可用压藤、摘顶等技术，促进分枝，增加繁殖系数。

（三）秧苗采集

子蕹宜在实生苗高15厘米以上时连根掘起或在实生苗高20厘米以上时剪取长15～20厘米插条。藤蕹宜在新生茎蔓具3个或3个以上节间、长20厘米以上时剪取长15～20厘米的插条。所有秧苗均应生长健壮、病虫为害轻或未受病虫为害。

三、栽培技术

（一）旱地栽培

1. 土壤准备 直播大田或定植用大田均宜在定植前5～7天清除前茬，耕翻耙平。耕深20～25厘米为宜。宜采用深沟高畦，畦面宽1.2～1.5米为宜，畦沟宽0.4米为宜，畦沟深15～20厘米为宜。每667米^{2}宜施腐熟厩肥3 000千克、磷酸二铵60千克及微生物肥料180千克。基肥宜在整地作畦时施入。

2. 栽培季节 长江中下游地区塑料薄膜小拱棚、中拱棚或大拱棚等设施内播种时间一般在3月中旬至4月上旬，直播可于4月上旬至8月底陆续进行，但主要在4月上旬至5月上旬。育苗者可于4月下旬开始定植。

3. 播种量 播种量或定植密度如表 4-1。

表 4-1 蕹菜旱地栽培时的播种量或定植密度

栽培形式	播种量或定植密度
直播，一次性采收	撒播，每 667 米^2 用种 20～25 千克
直播，间拔采收（移苗）兼连续多次采收	撒播，每 667 米^2 用种 20 千克以上
	条播，行距 20～25 厘米，每 667 米^2 用种 10～15 千克
直播，连续多次采收	条播，行距 20～25 厘米，每 667 米^2 用种 8～10 千克
	穴播，行株距均 20～25 厘米，每穴 2～3 粒
秧苗定植或扦插	行株距各 20～25 厘米，每穴 2 株

4. 肥水管理 大田直播，出苗前宜洒水保湿，齐苗后 2～3 天内每 667 米^2 浇施 5%～10%腐熟人粪尿 1 500 千克，或用 2.5 千克尿素对水稀释浇施一遍。大田定植秧苗，宜以清水或 5%～10%腐熟人粪尿作定植水。封行前中耕除草 1～2 次。每次采收后，每 667 米^2 浇施 10%腐熟人粪尿 1 500 千克，或用 2.5 千克尿素化水浇施根际。

（二）水田栽培

1. 土壤准备 大田宜在定植前 7～10 天清除杂草，耕翻耙平，保持活土层 20～25 厘米，水深 3 厘米。每 667 米^2 施腐熟厩肥 3 000千克、磷酸二铵 60 千克及微生物肥料 180 千克。

2. 大田定植 5 月中旬至 8 月下旬定植，行距 25 厘米，穴距 25 厘米，每穴秧苗 2 株。插条要求有 1～2 个节入泥，实生苗要求根系入泥。定植后宜保持水深 3～5 厘米。

3. 水肥管理及除草 结合采收进行追肥，每次采收后每 667 米^2 用 5 千克尿素化水浇施一遍。封行前要及时拔除杂草。整个栽培过程中，田间宜保持水深 3～5 厘米。

（三）浮水栽培

选水质肥沃的水塘、沟渠，水深以 30～100 厘米为宜。清除浮萍、水绵等杂草。用竹竿、尼龙绳或稻草绳等固定，秧苗按行距50厘米、株距30厘米绑扎，每处2株。若水面小且流动性不大，可不用固定材料。每次采后按每667米^{2}5千克尿素化水，分1～2次浇施。秧苗发棵以前及时清除浮萍、水绵等杂草，以免影响蕹菜生长。

（四）保护地早熟栽培

早熟栽培一般采用塑料小拱棚、塑料大棚等保护地措施，大多在3月上中旬至4月中下旬进行，常为一次性采收。用量一般为每667米^{2}用种20～25千克。管理上搞好温、湿度调节，前期特别注意加盖保温，防止温度过低；高温天气要注意通风降温。早熟栽培过程中，若因低温等原因导致幼苗子叶枯萎，则宜及时废除，重新播种。

四、病虫害防治

1. 沤根 生理性病害。病因主要是持续低温、多湿，表现为烂种和幼苗受害。受害幼苗主根根端或全部腐烂，即使不死苗，也会因延迟发根而影响秧苗早发。沤根为蕹菜早熟覆盖栽培的主要限制因子。防治措施：适期播种，春季勿播种过早；采用深沟高畦，从种子开始萌动至子叶期前后的一段时期内，畦高以10～15厘米为宜；加强温湿调控。

2. 猝倒病和立枯病 除采取与沤根防治同样的措施外，还可采取下列措施：一是土壤消毒。耕松表土，用福尔马林40毫升/米^{2}对水2～4克浇泼后覆膜4～5天，再揭膜挥发14天，然后播种。二是播种前后撒药土护苗。用50%多菌灵可湿性粉剂（用量为8～10克/米^2），拌半干细土，于播种前后各撒一层，保护种子。三是发病后及时拔除病株，并在发病区撒多菌灵与细碎草木灰配成的药土，防止在病区扩大蔓延。亦可用50%多菌灵可湿性粉剂1 000倍液喷雾一次。

3. 蕹菜白锈病 一是实行2～3年轮作。二是种子消毒，播种前进行热处理或药剂浸种，具体方法与一般作物种子消毒方法相同。三是及时采收，疏株通风，重点摘除感病茎叶（蕹菜茎部感病膨大增粗后仍可食用）。四是药剂防治，发病时以25%瑞毒霉可湿性粉剂2 000倍液喷雾1次或用50%多菌灵可湿性粉剂喷雾1次。

4. 褐斑病和轮纹病 防治措施可参照蕹菜白锈病防治。

5. 小地老虎 防治措施一是冬季清园，减少虫源。二是灌水浸泡，播种或定植前几天，放水浸泡48小时，效果较好。三是人工捕杀，为害期在受害株附近寻踪挖掘捕杀。四是药剂防治，用敌敌畏、敌百虫等灌根、喷雾或将切碎的青菜叶拌药撒根际诱杀。

6. 斜纹夜蛾、甘薯麦蛾和甘薯天蛾 人工摘取卵块和初孵幼虫群集取食的叶片，集中杀灭。成虫宜用杀虫灯诱杀，卵块和3龄前幼虫宜人工捕杀。

五、采收

旱地栽培时，直播后一次性采收或间拔采收实生苗，宜在苗高15～25厘米时采收；分期多次采收宜在蔓长20～25厘米时进行，茎蔓基部留1～2个节间。

水田栽培时，宜分期多次采收，在茎蔓长25～30厘米时采收，茎蔓基部留1～2个节间。

六、留种

（一）藤蕹留种

1. 窖藏越冬 6～7月份开始在旱地培育种藤，要求纤维化程度高，黄褐色，用手掐不断，不带嫩、绿、病藤，用25%多菌灵500倍液喷洒消毒，晾晒2～3天，然后入窖或防空洞、温室等场所贮藏。贮藏时宜用稻草、砾石或珍珠岩等垫地或隔层，分层堆放，每层15厘米，并盖膜封严。越冬期温度控制在10～15℃，湿度 70%～75%。入贮时间约在 11 月上中旬。亦可在保护地种植，让其缓慢生长，可休眠越冬。

2. 塑料大棚假植越冬 采用塑料大棚假植越冬时，宜铺设地热线，要求具有保持最低温度不低于 12℃的保温能力。种藤假植土壤要求疏松、肥沃、透气、透水、有机质丰富，时间为 8 月中旬至 9 月上旬。假植种藤长 15～20 厘米，粗 0.6～1.5 厘米。假植行距 30 厘米，穴距 20～25 厘米，每穴 2 个种藤插条。越冬期温度 20～25℃，不应低于 12℃或高于 35℃。长江中下游流域宜于 10 月下旬覆盖薄膜，至次年 4 月下旬揭去覆盖。白天棚内气温超过 35℃时，揭膜通风降温，夜间棚内气温过低时，通过地热线加热，使棚内温度不低于 12℃。假植 5 天内，每日浇水 1～2 次，促进生根成活。越冬期间保持地面湿润。若有植株开花、结果，应及时摘除，对于杂株亦应及时拔除。

（二）子蕹留种

采用旱栽留种，一般 6 月上旬前停止采收或进行扦插定植，行距 50～60 厘米，株距 30 厘米，每穴 1～2 株。11 月中旬以后一次性收完，经后熟、脱粒后收贮。若搭架引蔓栽培留种，每 667 米^{2}产子 75 千克左右。

（执笔人：刘义满，黄来春）

第五章

荸荠安全生产技术

荸荠，又称马蹄、地栗、乌芋。属莎草科荸荠属。原产中国南部和印度。在中国栽培历史2 000多年。

荸荠以球茎供食用，富含多种营养成分，每100克新鲜球茎含蛋白质0.8～1.5克，碳水化合物12.9～21.8克，脂肪0.3克，粗纤维0.3克，钙4毫克，磷45毫克，铁0.8毫克，含有少量胡萝卜素和维生素C。球茎中还含有一种不耐热的抗菌物质——荸荠英，对金黄色葡萄球菌、大肠杆菌和绿脓杆菌等有害菌类有抑制作用。荸荠有健胃、祛痰、解热防治腹泻等功效。荸荠可生食、煮食，也可加工制罐和提取淀粉。在中国南方利用水田或开发沼泽地栽培，并常与慈姑、浅水莲藕和席草等水生作物轮作。

目前，荸荠广泛栽培于我国长江流域及其以南各省，广西桂林、浙江余杭、江苏高邮和苏州、福建福州、湖北孝感和团风等地为著名产区。长江以北地区亦有少量栽培。据不完全统计，我国荸荠栽培面积约3.5万公顷，年产75万吨，主要供国内市场鲜销，仅部分加工成清水马蹄罐头、荸荠粉制品（如荸荠淀粉、即食马蹄糊、马蹄糕等）、荸荠饮料、糖渍荸荠等出口。日本、越南、印度、澳大利亚、美国也有少量栽培。

第一节　生物学特性

一、植物学特征

荸荠形态特征见图 5－1。

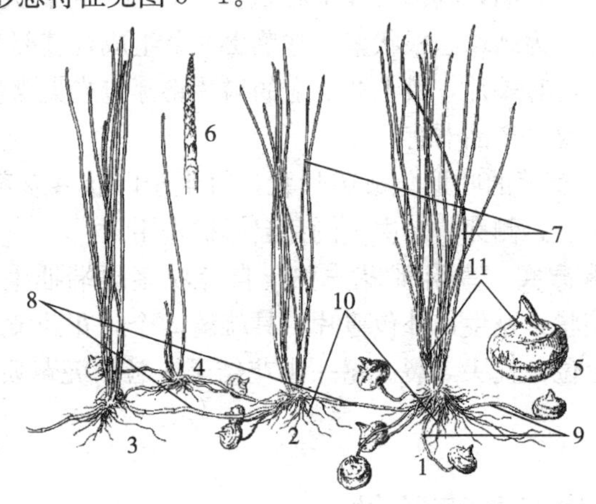

图 5－1　荸荠植株

1. 母株　2、3、4. 分株　5. 球茎　6. 花序　7. 叶状茎
8. 分株型根状茎　9. 结球型根状茎　10. 须根　11. 膜状叶片

1. 根　荸荠根为须根，发生于由球茎抽生出的不明显短缩茎基部茎节处和根状茎茎节上，初为白色，后变褐，长 20～30 厘米。荸荠的根系一方面起固定植株的作用，另一方面直接为植株供应矿质营养和水分，在育苗时，荸荠前期营养主要来源于母球茎所贮养分，后期主要依赖于根系，故荸荠育苗质量的好坏主要取决于根系的发达程度，根系愈发达，荸荠移栽成活率愈高。

2. 茎　荸荠的茎分为短缩茎、叶状茎、根状茎、球茎 4 种。短缩茎位于球茎萌发后发生的发芽茎和根状茎先端，在生长前期为短小而不明显的短缩茎，其顶芽及侧芽向地上抽生叶状茎，基部的侧芽向土中抽生根状茎。叶状茎绿色，直立，丛生，细长管状，可进行光合作用。叶状茎高 100 厘米左右，粗 0.5 厘米，中空，内具多数横隔膜，隔膜中有筛孔，可流通空气。根状茎初为乳白色，后变淡黄色，组织疏松，有3～4节，长10～15厘米，直径0.4厘米左右。前期高温长日照下，根状茎在土中横向生长，先端肉质茎向上抽生叶状茎，向下生根，成为一独立分株，分株又可抽生根状茎，可再形成分株，这种根状茎称为分株型根状茎。另一类根状茎发生于生长中后期，其顶端几节在低温短日照下可膨大形成球茎，这种根状茎称为结球型根状茎。球茎由8节组成，基部5节膨大成扁圆形，节上有鳞片，最上3节上的鳞片将芽包成尖嘴状，球茎是繁殖器官，也是产品器官。

3. 叶 荸荠的叶退化成膜片状，着生于叶状茎基部及球茎上数节，包被主、侧芽，对主、侧芽起保护作用。

4. 花和果实 荸荠雌花先熟，自叶状茎顶端抽生穗状花序，小花呈螺旋状，贴生，外包萼片，具雄蕊3个，花药黄色，雌蕊1个，子房上位，柱头3裂。每一小花结子1粒，壳革质，灰褐色，可以发芽。

二、生长发育阶段

生产上荸荠以球茎进行无性繁殖，整个生育周期从球茎顶芽萌发开始到新的球茎成熟为止，生育期长210～240天，在其一生中大体可分为萌发期、分蘖分株期和球茎形成期3个阶段。现以长江中下游地区为例介绍如下。

1. 萌芽期 从母球顶芽萌动至抽生叶状茎高10～15厘米为止。球茎萌动后，抽生发芽茎，发芽茎上长出短缩茎，其向上抽生叶状茎，向下长须根，形成幼苗。

2. 分蘖分株期 从分蘖、分株开始至开始抽生结球型根状茎为止。幼苗形成后，不断分蘖，形成母株，母株侧芽向四周抽生匍匐茎3～4根，长至10～15厘米时，其顶芽萌生叶状茎，形成分株。如此方式分蘖、分株，不断扩大营养面积。分株级次因栽培期而异，栽培越早分级数越多，多者可达8～10级。

3. 球茎形成期 从开始抽生结球型匍匐茎至球茎充分成熟为止。秋季气温开始下降，日照变短，分蘖分株基本停止，地上茎绿色加深。同时，地下匍匐茎先端开始形成球茎。此后，随气温不断下降地上叶状茎逐渐由上向下枯黄，球茎逐渐充实，皮色由白色变为红黑色，达到充分成熟，随即进入休眠。此期约需 70 天左右。

三、对环境条件的要求

1. 温度 土中越冬球茎在地温 5℃时顶芽萌动，春季气温10～15℃时绝大部分球茎萌芽。冬前挖贮的球茎，15～20℃下催芽 1 周即萌发。15～20℃时幼苗分蘖、分株缓慢，25～30℃时分株最快。秋季气温 10～15℃范围内，低温有利于球茎形成。5℃以下，地上茎枯萎。

2. 光照 萌芽及幼苗生长期以消耗球茎贮藏养分为主，要防止阳光曝晒。在分蘖、分株期，植株主要进行营养生长，待贮藏养分耗尽后，植株已生根和抽生叶状茎，此时植株的养分供给主要依靠叶状茎光合作用所制造的养分，因此此时须有较强光照。由于短日照条件有利于球茎形成，故此期需短日照条件。

3. 土壤 要求有机质丰富的松软、肥沃土壤，耕层深 20 厘米为宜。对土壤酸碱度要求不严，但以微酸性到中性为好。分蘖、分株期需大量氮素，但过多易徒长和倒伏。花前不能缺钾。一般情况下，整个生育期内田间均应保持一定水层，即使搁田亦应保持土壤湿润。

第二节　类型与品种

一、类型

按球茎的淀粉含量分为两种类型。一是水马蹄类型，为富含淀粉类型；二是红马蹄类型，为少含淀粉类型。按脐洼（靠根状茎端）深浅分类，有平脐和凹脐两种。一般来讲，球茎顶芽尖、脐平，含淀粉多，肉质粗，适于熟食或加工淀粉，如苏荠、高邮荸荠、广州水马蹄等。球茎顶芽钝、脐凹，含水分多、淀粉少，肉质茎甜嫩、渣少，适于生食及加工罐头，如杭荠、桂林马蹄等。

二、品种

1. 鄂荠 1 号 湖北团风县马蹄生产技术研究所从团风地方品种中选育。株高 96 厘米，叶状茎粗 0.6 厘米，深绿色，球茎扁圆形，脐部较平，表皮棕红色，顶芽短粗，侧芽小，球茎纵径 2.2～2.8 厘米，横径 4.0～5.6 厘米，单个球茎重约 22 克，肉白色，脆甜，品质优良，商品性好。较抗秆枯病。一般每 667 米^2 产量 1 300～1 400 千克。

2. 91-33 荸荠 武汉市蔬菜研究所选育。中熟，株高 100～105 厘米，叶状茎粗 0.6 厘米，深绿色。球茎椭圆形，表皮棕红色，横径 4.1 厘米，纵径 2.6 厘米，侧芽小，球茎脐部平，单个球茎平均重约 21 克，肉质脆甜。每 667 米^2 产量可达1 500千克。

3. 沙洋荸荠 湖北沙洋地方品种。株高 93 厘米左右，球茎扁球形，纵径 3.0 厘米，横径 3.9 厘米，单个球茎重 25 克左右。脐部凹。皮色红褐色，皮薄，味甘，质细，渣少。每 667 米^2 产量 1 500千克左右。

4. 苏州荸荠 江苏省苏州市中晚熟品种。株高 100～110 厘米，叶状茎直径 0.5 厘米，分蘖力中等。球茎近圆形，平脐，表皮深红色。球茎横径约 4.2 厘米，高约 2.6 厘米，单个球茎重约 20 克。质较脆，味较甜。每 667 米^2 产量约 1 200 千克。

5. 桂林马蹄 广西桂林市晚熟品种。株高约 120 厘米，叶状茎直径约 0.6 厘米，分蘖力中等。球茎扁圆形，平脐，表皮深红色。球茎横径约 4.5 厘米，纵径约 2.5 厘米，单个球茎重约 20 克。质脆味甜，宜生食。每 667 米^2 产量约1 200千克。

6. 孝感荸荠 湖北孝感市中熟品种。株高 100～105 厘米，叶状茎直径约 0.6 厘米，分蘖力中等。球茎椭圆形，凹脐，表皮红褐色。球茎横径约 4.1 厘米，纵径约 2.6 厘米，单个球茎重 20～25 克，重者达 30 克以上。质脆味甜，宜生食。每 667 $米^2$ 产量约1 500千克。

7. 杭州大红袍　浙江省余杭市晚熟品种。株高 95～100 厘米，叶状茎直径约 0.5 厘米，分蘖力较强。球茎近圆形，平脐，侧芽小，表皮红褐色。球茎横径约 3.5 厘米，纵径约 2.0 厘米，单个球茎重约 15 克。质脆味甜，宜生食。每 667 $米^2$ 产量约1 500千克。

第三节　栽培技术

一、栽培制度

为了提高荸荠产品质量和产量，改进土壤肥力结构，降低病虫害的发生程度，进而减少或避免施用农药和化肥，提倡荸荠与其他水生蔬菜如莲藕、慈姑等进行轮、间作。具体轮、间作制度参照慈姑一章。

二、栽培季节

荸荠栽植期较灵活，长江流域 4～7 月份都能育苗移栽。4 月开始育苗，5 月中旬至 6 月上旬栽植，11 月上旬采收，称为早水荸荠；5 月初育苗，7 月上中旬栽植，11 月份采收，称为伏水荸荠；6 月下旬至 7 月上旬育苗，双季早稻后的 7～8 月份栽植，称为晚水荸荠。但不同时期栽植的荸荠，其产量、球茎大小及整齐度不同，以早定植、5 月下旬至 7 月上旬、气温 25～30℃的最适时期发生分蘖、分株，入秋后结荠的产量高、球茎大、整齐度好。

三、秧苗准备（以长江流域为例）

（一）种芽准备

种用荸荠一般于当年 12 月份挖起贮藏备用。也可以田间越冬保存，翌年直接挖起育苗。长江流域可于4月上旬开始育苗，宜在室内或塑料薄膜小拱棚内进行。选个体较大、顶芽和侧芽完整、无伤口，具有本品种特征的球茎。

（二）育苗

1. 旱地育秧 宜选择避风向阳、土层肥厚的旱地，整成厢宽120～150厘米的苗床，厢沟深20厘米，宽30厘米。种荠应外形圆整、表皮无破损、芽头粗壮、皮深褐色、品种特征典型、单个球茎质量20克以上。3月下旬至4月下旬用50%多菌灵可湿性粉剂或50%甲基托布津可湿性粉剂800倍液浸种24小时，取出沥干。将种荠芽朝上，间隔5厘米排码放于苗床，灌底水，之后覆盖细土，厚度以露出顶芽为度。定期灌水保湿，苗高40厘米时可用15%多效唑500倍液喷雾一次。

2. 水田育秧 宜选择排灌两便、有机质丰富、地面平整的水田，每666.7米^{2}施腐熟粪肥3 000千克或腐熟饼肥50千克。秧田与大田面积比1∶20～25为宜。5月中下旬从旱地育秧苗床拔取秧苗栽插，株距60厘米，行距60厘米。每15天追肥1次，每次每667米^{2}施腐熟人粪尿1 000千克或尿素5千克，水深保持2～3厘米。

四、大田定植

（一）土壤准备

早水荸荠在5月中旬进行大田耕耙，同时施入基肥，每667米^{2}施腐熟厩肥1 250～2 000千克（或腐熟人粪尿1 000～2 000千克），过磷酸钙15～20千克，氯化钾10千克。

（二）大田定植

荸荠栽植选用的苗有两种。一种是球茎苗，即将种荠催芽育成小苗，最后以球茎为栽植单株，每一种球只育成一株苗。其缓苗期短，早期分蘖分株多，停止早，要注意栽植密度。早水荸荠每 667 米^2 栽 1 000 株为宜，伏水荸荠每 667 米^2 栽 2 500～3 000 株为宜，行距 70～80 厘米，株距 30～40 厘米；晚水荸荠 7 月 30 日以前每 667 米^2 栽 4 000 株，行距 50～60 厘米，株距 30 厘米，8 月栽植适当加大密度。其二是分株苗，即在定植前尽量提早用球茎育苗，促其多分蘖和分株，栽时将分蘖和分株一一拆开，每栽植苗含有叶状茎 3～4 根，每一种球茎可育成数株苗。其缓苗期较长，栽植时期宜早不宜迟。若用分株苗，每 667 米^2 早水荸荠 3 000 株，伏水荸荠 4 000～5 000 株，行距 50～60 厘米，株距 25～30 厘米。另外，球茎苗栽植时适宜深度为 9 厘米，以球茎入泥中 9 厘米深，根系搭着泥为度。分株苗栽植时，先将根株埋齐，然后插入土中，深12～15 厘米。

五、大田管理

（一）除草

定植后 15 天左右进行一次田间除草，立秋后进行第二次除草。除草方式宜采用人工田间拔除，在第二次除草过程中如发现秧苗过密，可将瘦弱苗拔除，以利于通风透光。操作过程应细心，防止损坏秧苗。

（二）水深调节

早水荸荠定植以后，前期保持 2～3 厘米浅水，以后逐渐加深水深，但不超过 10 厘米，分蘖分株期间不能缺水。若遇荸荠出现徒长，可短时间保持浅水。地下球茎膨大后须排干田水。晚水荸荠栽植时水深应稍深，以 5～6 厘米为宜，活棵后保持 7～9 厘米水深。在田间越冬的球茎，冬季仍需 1～2 厘米的水层。

（三）追肥施用

总原则是前期氮、磷、钾肥并施，以氮肥为主，后期以磷、钾肥为主，适当多施钾肥。在母株旺盛分蘖之前需重施一次氮肥，到抽生结荠茎时再施一次，每667米^{2}每次施尿素15千克。分蘖、分株初期适当补施磷肥，每667米^{2}施过磷酸钙10千克。在分蘖、分株初期、结球初期和中期应适量施用钾肥，每667米^{2}施氯化钾10千克。

（四）病虫害防治

1. 秆枯病 实行3年以上轮作，最好进行水旱轮作；选用无病种球作种，育苗前对种球进行消毒，具体做法见育苗一节；清洁田园，销毁田间病残体，减少来年初侵染源；生长旺盛期及时拔除过密的病弱苗，以利于通风透光。于发病初期用25%多菌灵可湿性粉剂250倍液或75%代森锰锌可湿性粉剂500倍液喷雾；持续发病期宜用20%三唑酮乳油1 000倍液喷雾或2.5%苯环唑乳油（敌力脱）500倍液、50%扑海因可湿性粉剂1 000倍液、12.5得清乳油2 000倍液喷雾。发病初期每5天喷雾1次，病情控制后10天喷雾1次。使用不同药剂，并添加0.1%黏着剂。

2. 枯萎病 禁止从疫区引种；对带病种球进行消毒，具体做法见育苗一节；药剂防治6月中旬施用50%甲基硫菌灵·硫黄悬浮剂600～700倍液或70%代森锰锌干悬粉500倍液喷雾。

3. 白禾螟 3月上旬及时清理并集中烧毁田间遗留的荸荠茎秆，消灭越冬虫源。5月上旬铲除荸荠田遗留球茎抽生苗，杜绝一代虫源。在卵块孵化高峰期用50%高效氯氰菊酯1 000倍液或20%灭扫利乳油2 000倍液、5%功夫乳油1 000～1 500倍液喷雾；幼虫钻食以后，用18%杀虫双水剂400倍液或80%杀虫单可湿性粉剂800倍液、48%乐斯本乳油1 000倍液喷雾。

（五）采收

一般12月份以后球茎内含糖量增加，皮色深，鲜食和罐藏都适宜，为采收适期。荸荠采收方式多采用人工或机械采挖，采挖时应尽可能减少机械损伤。

六、留种

选择地上部群体生长整齐一致、无倒伏或轻微倒伏、无病虫危害的田块定为留种田，在生长过程中还须进行多次挑选，淘汰病株、弱株、劣株以及不符合本品种特征特性的植株。冬前贮藏越冬的荸荠，收获时进行复选，在留种田中选择无病虫伤口、不破损、球茎饱满整齐、稍厚、色泽好，皮色深浅一致、符合品种特性的球茎。若在田间越冬的种荠待翌年挖起时复选。

（执笔人：李峰，黄来春）

第六章

慈姑安全生产技术

慈姑为多年生草本植物，其栽培种属慈姑属慈姑种慈姑变种华夏慈姑，又称茨菰、慈菰、剪刀草，古名藉姑。慈姑原产中国，是中国的特产蔬菜之一，栽培历史 1 000 多年。我国慈姑栽培地区主要在长江流域及其以南各省，太湖沿岸及珠江三角洲为主产区。

慈姑以其球茎供食用，营养丰富，为低脂肪、高碳水化合物蔬菜，据中国医学科学院卫生研究所分析，每 100 克慈姑（新鲜球茎）中含蛋白质 5.6 克，脂肪 0.2 克，碳水化合物 25.7 克，热量 530.9 千焦，钙 8 毫克，磷 260 毫克，铁 1.4 毫克，粗纤维 0.6 克，维生素 C 4.74 毫克，还含有少量 B 族维生素、胆碱、甜菜碱等。慈姑球茎富含淀粉，可煮食、炒食，做成各种菜肴，亦可制成淀粉食用。同时，慈姑还富含蛋白质。另外，慈姑含磷丰富，比红薯高 11 倍，磷和钙同时参与机体骨骼、牙齿的发育与代谢，产妇及小儿食之尤宜。慈姑所含的胆碱、甜菜碱等生物碱对金色葡萄球菌、化脓性链球菌有强烈的抑制作用，是中医常用的解毒药。传统中医认为慈姑球茎味甘涩、微温、入肺，可敛肺、止咳、清热止血、解毒、散肿、消炎、实肠、下石淋。

第一节　生物学特性

一、植物学特征

慈姑形态特征见图 6-1。

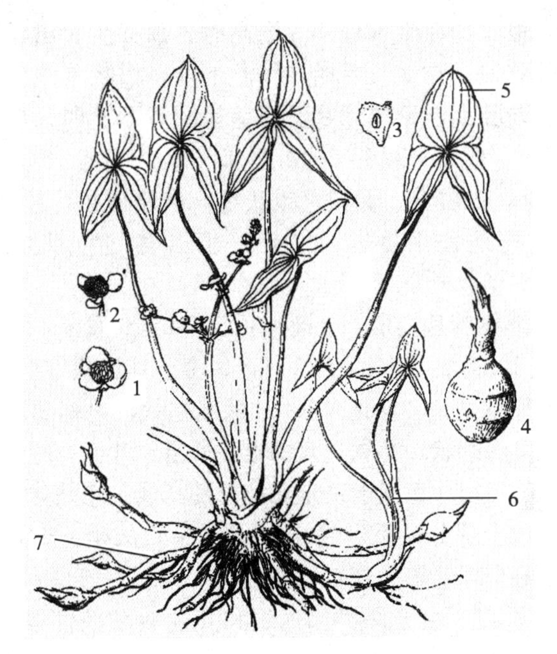

图 6-1 慈姑植株

1. 雄花 2. 雌花 3. 果实

4. 球茎 5. 叶 6. 分株 7. 根状茎

1. 根 慈姑根系为须根系，自短缩茎基部发生，长 30～40 厘米，有细小分枝，无根毛。须根肉质，主要分布在泥层 25 厘米以上，深者可达 50 厘米，呈伞状分布在短缩茎四周，不但起固定整个植株的作用，而且具很强的吸水和吸肥能力，为植株生长提供水分和矿质营养。同时，慈姑的肉质根系还具有贮存养分的作用，可以把从土中吸收的矿质养分暂时贮存起来，当植株需要时再输送到其他器官。

2. 茎 慈姑的茎可分为短缩茎、根状茎和球茎 3 种。短缩茎是慈姑的主茎，着生在泥面以上，向下抽生须根，向上抽生叶片，每长 1 节，抽生 1 片叶。根状茎由短缩茎上各节腋芽萌动后穿过叶柄基部向土中生长形成，具节和节间，不长叶子和芽，长 40～60 厘米，粗 1.0～1.5 厘米，每株有 10 多条，入土深浅与气候有关。根状茎在生长前期气温高时，顶芽生长出泥面，发根生叶，形成分株；在生长后期，气温下降，根状茎便向泥深处生长，顶端逐渐膨大，形成球茎。球茎呈圆球形、卵圆形、扁球形等，纵径3～5厘米，横径3～4厘米，单个球茎40克左右，个别高达80克，皮白色、黄白色或灰色，肉质白色，顶芽稍弯曲。慈姑的球茎既是食用器官，也是繁殖器官，生产上即以球茎作种。

3. 叶 慈姑叶片箭形，上裂片长、宽约20厘米，下裂片长约25厘米，宽13厘米，叶宽约25厘米，由于其形状像燕子的尾巴，所以有人也称慈姑为“燕尾草”。叶柄圆柱状，内侧凹陷，凹陷处有棱，中间呈海绵状，是输送氧的唯一通道。叶柄一般长约130厘米，叶柄的长短很大意义上决定着植株的高低。慈姑球茎营养的积累主要依靠地上部分最后形成的4～7片叶，故延长这几片叶的生长期是促使每个球茎膨大充实的关键。

4. 花、果实 由于品种、气候和其他栽培条件等因素影响，部分慈姑植株会从叶腋抽生花枝，雌雄同株异花，雄上雌下，花梗呈圆锥形着生，总状花序。花冠白色，花萼、花瓣各3枚，雄蕊多数，雌花心皮多数，集成球形，结实后形成密集瘦果，种子扁平，斜倒卵圆形，有透明翼状物。种子萌发形成的实生苗当年结球茎小，生产上不用其作种。因为抽薹开花需要消耗许多营养，影响球茎产量，故生产上要通过选种和田间管理控制植株抽薹、开花和结实。

二、生长发育进程

生产上慈姑以球茎顶芽进行无性繁殖，即整个生育周期是从球茎萌发开始到新的球茎成熟为止。在其一生中大体上可分为萌芽期、旺盛生长期和结球期3个阶段。现以长江中下游地区的生产情况为例介绍如下。

1. 萌芽期 4月上中旬球茎顶芽开始萌动，顶芽基部1、2节

伸长，第三节上鳞片转绿并张开，4月中下旬芽鞘抱合的中轴抽生1～2片过渡叶，4月下旬顶芽第三节发生白色线状须根，长出1片正常箭形叶。此期幼苗生长所需的养分主要由球茎贮存的养分供给，从土壤中吸收矿质营养很少，因此此期需肥不多，宜灌浅水，以利于提高土温，促进萌芽和发根。

2. 旺盛生长期 从植株抽生正常箭形叶开始至9月上旬球茎开始膨大。此期的长短与大田管理水平和环境条件影响较大，如植株缺水少肥、生长不良，常会提早结球且球茎瘦小；反之如施用氮肥偏多，则植株营养生长过旺，造成植株贪青，会推迟结球。如水层过深或栽植期过晚，也会延迟结球。一般5月上旬气温20℃以上长出正常叶，初期7～10天抽生1叶，气温25～28℃时5天左右抽生1叶，以后随气温升高，新叶抽生速度加快，叶面积亦逐渐变大。8月上旬到9月上旬，植株叶片达最大，全株叶数可达11～14片，9月中旬以后，气温逐渐下降，日照变短，植株养分转向贮存，新叶生长又趋缓慢，一般每10～14天抽生1叶，10月中下旬以后叶片开始枯黄。叶龄一般40～50天，前期稍长，后期较短。自7月中旬植株具7片叶时短缩茎开始发生根状茎，每长1片叶，发生1条根状茎，至9月上中旬为止。同时，部分植株抽生花枝。此期植株生长迅速，根系和叶面积都先后增至最大，要求肥水供应充足。

3. 结球期 从9月上中旬球茎开始膨大到11月上旬球茎完全成熟为止。此期随着气温逐渐下降，日照逐渐变短，植株地上部生长缓慢，光合产物开始向根状茎先端运输和积累，并开始膨大，形成球茎。单株抽生根状茎，结球数一般为11～14个，最多可达17～18个。

三、对环境条件的要求

1. 水分 慈姑为浅水植物，一般要求水层10～20厘米，栽培上通常通过调节水层来调节土壤温度。萌芽期气温降低，灌溉2～3厘米水层，以促进萌发和发根；旺盛生长期灌溉水层要求由浅渐

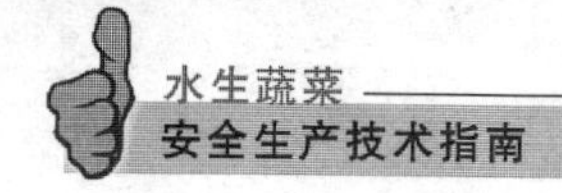

深，最终保持在15～20厘米，适当控制植株生长，以防徒长；球茎形成期水层要求由深渐浅，以6～10厘米为宜；冬季休眠期要求1厘米水层或保持土壤湿润即可。总的来讲，慈姑生育期内水层过深，易导致叶柄细长，结球延迟，球茎变小，水层过浅或受旱，则易导致生长不足，植株矮小，结球提早，球茎也很小。

2. 温度 慈姑为喜温作物，生长期间一般要求20～30℃，各时期对温度要求有明显不同。萌芽期温度要求14℃以上，最适温度15～20℃；当平均气温达25～28℃时，植株开始旺盛生长，进入旺盛生长期，此期适宜气温25～30℃；结球期生长适温20～25℃，14℃以下叶片开始枯萎；球茎休眠期以5～10℃为宜，温度过低易受冻，过高易提前萌发。

3. 土壤肥料 慈姑为耐肥作物，要求土壤深耕熟化、肥沃，以富含有机质（1.5%以上）的壤土或黏壤土为好，沙质壤土栽培有利于早熟，但产量不高。对肥料的要求以氮肥为主，磷、钾、钙合理配施，一般每667米^{2}施氮肥20千克，磷肥10千克，钾肥12千克。

4. 光照 慈姑喜光，要求光照充足，尤其在结球期，若连遇阴雨等因素造成光照不足，会导致球茎瘦小，延迟成熟。慈姑属短日照作物，长日照有利于茎叶生长，短日照有利于球茎生长、充实。

第二节 类型与品种

一、类型

根据球茎大小等特征将慈姑分为野生型和栽培型。栽培慈姑叶片较宽（平均27厘米），植株较高（平均13厘米），球茎单个重55克，始花期7月中旬；野生慈姑叶片较窄（平均23厘米），植株较矮（平均100厘米），球茎较小，单个球茎重10克，5月中下旬始花，野生慈姑对病害（黑粉病、褐斑病等）有较强的抗性。根据球茎皮色分为白慈姑、黄慈姑和乌慈姑。白慈姑表皮白色或浅白黄色，多为卵圆形，黄慈姑球茎表皮淡黄色，多为长卵圆形，乌慈姑球茎表皮紫色或灰色，蜡质较厚，多呈圆球形和扁球形。

二、主要品种

1. 刮老乌 又名宝应紫圆慈姑。江苏地方品种。中熟，生育期约200天。植株粗壮，株高100厘米左右，开展度70～80厘米。球茎表皮乌紫色，圆球形，纵径4～5厘米，横径4～4.5厘米，单球重25～40克。球茎顶芽粗壮，多向一边弯曲。肉白色，质地致密，淀粉含量高，稍带苦味，耐贮。667米^{2}产量800～1 000千克。对慈姑黑粉病抗性较强。

2. 苏州黄 江苏地方品种。晚熟，生育期210～220天。株高90～110厘米，成长大叶长47厘米，宽26厘米。球茎表皮淡黄色，长卵形，纵径约6厘米，横径3.5～4厘米，单球重约25克。球茎顶芽扁而肥大，稍弯曲。肉黄白色，质地较细致，无苦味。667米^{2}产量600～750千克，高者达1 000千克。

3. 沈荡慈姑 浙江地方品种。晚熟，生育期220天。株高110～130厘米，开展度60～70厘米，叶片长30厘米，宽20厘米。球茎表皮黄白色，扁椭圆形，纵径5厘米，横径3.5厘米，单球重约30克。球茎顶芽长6～7厘米。肉黄白色，淀粉含量高，质地软面，无苦味。抗逆性较强。667米^{2}产量800～1 000千克。

4. 南昌慈姑 江西南昌地方品种。晚熟，生育期210天。株高110～130厘米，开展度90～100厘米，叶片长38厘米，宽15厘米，叶柄长70～80厘米，粗4.5厘米。球茎表皮灰白色，卵圆形，纵径5.5厘米，横径4.5厘米，单重35～45克。肉质松爽，略有苦味，不耐贮运。667米^{2}产量800～1 000千克。

5. 肉慈姑 广州市郊品种。早熟，生育期110～120天。株高70～750厘米，开展度80厘米，叶片长35厘米，宽15厘米，叶柄长60厘米，粗4厘米。球茎表皮白色，扁圆球形，纵径3厘米，横径5厘米，单重40～50克。肉白色，质地坚实，耐贮运。667米^{2}产量1 000～1 300千克。抗逆性较强。

6. 马蹄姑 广西梧州地方品种。晚熟，生育期 210 天。株高 75～80 厘米，开展度 80 厘米，叶片长 25 厘米，宽 8 厘米，叶柄长 60 厘米，粗 3 厘米。球茎表皮白色，扁圆球形，纵径 4.5 厘米，横径 5 厘米，单重 30～40 克。肉白色，质地紧密，淀粉多，稍有苦味，耐贮运。667 $米^2$ 产量 750～1 000 千克。抗逆性较强。

7. 南宁白慈 广西地方品种。生育期 198 天。株高 110～120 厘米，叶长 37～40 厘米，叶宽 17～20 厘米。球茎卵圆形，皮、肉皆白色，平均重 38.0 克，最大重 68.0 克，品质较好。667 $米^2$ 产量 800～1 000千克。

8. 桂林白慈 长势强，叶柄绿色。球茎圆形，白色泛淡蓝色，肉白色。顶芽粗壮。生育期 200～210 天。单株球茎 10～15 个，单个球茎重 40 克。肉质细，风味浓，品质好。667 $米^2$ 产量 1 000 千克。

第三节 栽培技术

一、栽培制度

常用模式有早藕（早稻）慈姑轮作、夏茭慈姑轮作等。实际上，旱生蔬菜中也有很多种类可以与慈姑进行轮作栽培。

二、栽培季节

1. 早水慈姑 一般于春季 3～4 月份育苗，6～7 月份栽植，称早水慈姑。长江流域于 3 月中下旬备秧田，4 月上旬取留种顶芽或球茎在温室或大棚催芽，4 月下旬至 5 月上旬秧田育秧，6 月中旬至 7 月上旬起秧定植，秋季开始采收。

2. 晚水慈姑 一般于 7 月下旬至 8 月上旬定植者称晚水慈姑。江、浙地区栽培晚水慈姑面积很大，多以早稻为前茬，于 6 月下旬至 7 月下旬取贮藏的种用球茎播种育苗，苗龄约 30 天，7 月下旬至 8 月上旬定植，12 月以后采收。华南、长江中下游地区多于春季育苗，通过控制肥水，促发分株，可扩大繁殖 3～5 倍，7～8 月份分株具 3～4 片叶时，分期定植大田。

三、秧苗准备（以长江流域为例）

（一）种芽准备

选具品种典型特征、大小适中、充分成熟、顶芽较弯曲且粗 0.6～1.0 厘米、无病虫为害的球茎，于冬前将顶芽稍带一部分球茎切下，随即用 20%多菌灵可湿性粉剂 300 倍液浸泡 15 分钟。捞出后摊晾至表面干燥后，窖藏越冬备用。每 100 千克慈姑球茎约可切取顶芽 12～15 千克，可供 667 米^2 大田之需。

（二）催芽

一般于 4 月下旬取出留种用顶芽，置洁净筐内，上覆洁净湿稻草，洒水保湿，保持温度 15℃以上，经 10～15 天出芽，即可播于秧田育苗。若播期较晚，气温已到 15℃以上，可不必催芽，仅需于清水中浸泡 1～2 天，即可直接播种苗。

（三）播种

一般于 4 月下旬至 5 月上旬气温 15℃以上时播种。育苗秧田要求地面平整、土质肥沃、排灌两便、保水保肥。若为旱水慈姑育苗，每 667 米^2 施腐熟农家肥 3 000～4 000 千克，耕深 20～25 厘米。顶芽播插，行、株距均为 9～12 厘米。土壤肥力较高、苗龄较长者宜稀播；土壤肥力较低、苗龄较短者宜密。播插深度以顶芽自下向上的第三节入泥 1.5～2.0 厘米为宜。为便于管理，宜将顶芽按大小分级，分区播插。

（四）秧田管理

1. 水深调节　播插时秧田水层 2～3 厘米，插后轻搁田 7～10 天，保持土壤湿润以利生根。芽鞘张开，抽生第一片过渡叶时，灌一薄层水。秧苗生长期保持 2～3 厘米水层，以利土温升高。若遇晚霜，宜灌深水防冻。气温 25℃以上时，逐渐加水至 6～10 厘米，不可搁田受旱。

2. 追肥 播插后 7～10 天开始发根，每 667 米^2 施 20%腐熟粪水 1 000 千克。

注意及时除草和防治蚜虫。早水慈姑幼苗高 25～30 厘米、并具 3～4 片叶时即可起苗定植大田。但若苗期延长，作晚水慈姑栽培时，则应防止秧苗生长过旺或过弱，及时调节水肥，适当增施磷、钾肥，并定期打去秧苗外围老叶，保留中央新叶 3～4 片。

四、大田准备

选择适宜的水田，深耕 20 厘米以上，每 667 米^2 施腐熟厩肥或粪肥 3 000 千克、尿素 15～20 千克、过磷酸钙 30～40 千克、复合肥 25 千克，作基肥。耕翻耙平，灌浅水。

五、大田定植

长江流域早水慈姑定植用苗不可太小，晚水慈姑应抢时定植，最迟在 8 月上旬定植完毕。华南地区定植期不宜迟于 9 月上旬。早熟栽培，行、株距均为 40～45 厘米；晚熟栽培，行、株距均为 35 厘米。具体密度可根据土壤肥力、植株大小等调节。定植前，连根拔取秧苗，摘除外叶，保留中心嫩叶及外围叶柄 25～30 厘米。栽植深度 9～12 厘米。定植时保持水层 2～3 厘米。

六、大田管理

1. 水层管理 原则是浅水勤灌，严防干旱，高温多雨季节适当搁田，高温干旱季节适当深灌凉水（如低温井水）。一般植株生育前期 3～6 厘米，雨季搁田一次，7～8 月份高温季节保持水层

12～20 厘米，8 月以后 8～10 厘米，9～10 月 3～5 厘米。

2. 追肥 追肥原则是促、控、促，并注意氮、磷、钾配合施用。早水慈姑定植 10～14 天后每 667 米^2 施 20%腐熟人畜粪水 1 500千克、碳酸氢铵 30 千克、尿素 10 千克。抽生根状茎时每 667 米^2 施腐熟人粪尿 2 500 千克或尿素 30 千克，复合肥 25 千克，氯化钾 10～15 千克。晚水慈姑在定植后 25～30 天追肥 1 次，数量与早水慈姑结球肥相似。

3. 除草和打老叶 生长期内每 15～30 天耘田除草 1 次，直到抽生根状茎为止。通常自定植缓苗后进行第一次耘田除草，共 2～4 次；慈姑在生长旺盛期生长过旺，容易造成田间密闭，通风不良，易引发病害流行，应及时摘除植株外围发黄老叶，留中央新叶 4～5 片，15～30 天 1 次，共 2～4 次，至天气转凉、气温下降到 25℃以下时为止。

华南地区经验，在慈姑定植成活后和结球前，即 8～11 月份，分次摘老叶和去分株，每次每株留新叶 4～5 片，共进行2～4 次。另外，还要采取除蘖措施，即在 11 月上旬于植株四周 8～10 厘米处用镰刀插入泥中 10～15 厘米环割一周，以割断部分根状茎。亦可手工摘除部分细小根状茎。结球前期除蘖可提高慈姑商品性，避免单株结球茎太多而造成球茎瘦小。

七、病虫害防治

1. 慈姑黑粉病 又名泡泡病、火肿病。用 15%粉锈宁可湿性粉剂 1 000 倍液或 25%多菌灵可湿性粉剂＋75%百菌清可湿性粉剂 600 倍液、40%多·硫悬浮剂 500 倍液喷雾防治。

2. 慈姑斑纹病、褐斑病 用 70%甲基托布津可湿性粉剂＋75%百菌清可湿性粉剂 1 000 倍液或 36%甲基硫菌灵悬浮剂 500 倍液喷雾防治。

3. 钻心虫 用 80%敌敌畏乳油 1 500 倍液或 20%灭扫利乳油 3 000 倍液喷雾防治。

4. 莲缢管蚜 用黄板诱杀有翅成虫，也可用10%吡虫啉可湿性粉剂3 000倍液或25%噻虫啉可湿性粉剂5 000倍液喷雾防治。

八、采收

慈姑采收的时间因栽培地区不同而略有差异。长江中下游地区一般于秋季初霜后（茎叶枯黄时）到第二年球茎萌发前即11月份到翌年3月份，随时都可采收。但为了保证慈姑的品质与产量，通常延迟至12月份至翌年1月采收，因为茎叶枯黄时短缩茎中的养分仍可继续向球茎运输，使球茎充实、膨大，进而提高慈姑产品的品质与产量。

采收方式多采用人工或机械采挖，采挖时尽可能避免人为损伤球茎。

九、留种

选植株生长健壮、无病虫害、具本品种特征特性的植株。及时摘除部分开花植株大花枝，原种或生产良种采收、运输等过程中防止机械混杂。

（执笔人：李峰，钟兰）

第七章

水芹安全生产技术

水芹起源于中国，早在 3 000 多年前被采集和食用。目前中国水芹的产区主要分布于长江流域及其以南地区，其中以江苏、浙江、湖北、江西、安徽、云南、贵州和广东等省生产面积较大。

水芹以其嫩茎和叶柄供食用，多作炒菜，其味鲜美。据分析，每 100 克可食部分含碳水化合物 3.1%，蛋白质 0.5%，脂肪 0.4%，粗纤维 1.3%～2.1%以及多种矿物质、维生素。在医学上，水芹具有清热、利尿、降低血压和血脂等多种食疗功效。

第一节　生物学特性

一、植物学特征

水芹形态特征见图 7-1。

1. 根　水芹根白而细，自根部或从没入土茎中和接近地面茎的各节上，向地下丛生细长的须根，长 30～40 厘米。直立茎和匍匐茎各节都能生出纤维状不定根。

2. 茎　中空，无毛，有棱角，直立生长。茎有直立茎和匍匐茎两种，均较细长，幼嫩部分多为薄壁细胞所充实，成熟部分多为中空。地上茎直立或斜生，白绿色或绿色。茎长 30～80 厘米不等，各节都能萌发生根，在适宜条件下也能生根发芽，形成新的植株。

3. 叶　粗锯齿，三深裂，二回奇数羽状复叶。大叶长 20 厘

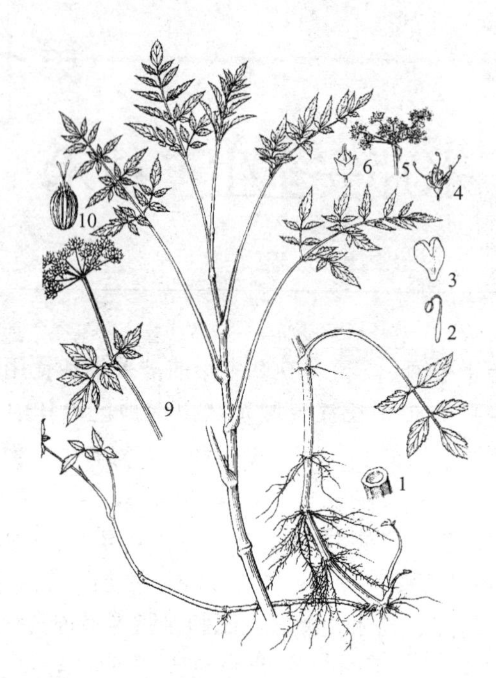

图 7-1　水芹植株形态特征

1. 空心腔　2. 雄蕊　3. 花瓣　4. 花（去花瓣）
5. 复伞花序　6. 雌蕊　9. 花序　10. 果实

米，宽 12 厘米左右，叶柄长 20～40 厘米。小叶裂片，椭圆、卵圆或尖卵形，黄绿色或青绿色，叶缘齿裂大小、深浅不规则。

4. 花　复伞形花序，有小伞形花序 6～30 个，长 1～5 厘米，花柄纤弱，长 1～5 毫米；小花花瓣白色，先端凹入；萼片长约 3 毫米，近椭圆形。

5. 果实和种子　双悬果，椭圆形或球形，褐色，每一单果内含种子 1 枚，多发育不良，发芽率低。

二、生长发育过程

1. 萌芽生长期　从母茎（种茎）上休眠越夏的腋芽萌发开始，到大多数腋芽向上生长，抽展新叶。长江流域一般从 8 月下旬开始到9月下旬结束，经历30天左右。

2. 旺盛生长期 从新苗生长加快，抽生二回羽状复叶开始，到主茎长达到最大高度，并在基部发生匍匐枝，从枝端抽生分株，生长量达到最大时为止。长江流域一般从9月下旬开始到11月中旬结束。

3. 软化缓长期 从植株停止增高，分株停止发生开始，到越冬后植株恢复生长时结束。长江流域一般从11月下旬开始至翌年春季3月中下旬结束。本阶段在生产栽培上主要为采收时期。

4. 抽薹开花期 从植株越冬后恢复生长，茎秆基部开始萌生分株至夏季高温季节植株茎秆老熟，各节腋芽中形成休眠芽，进入休眠为止。本阶段植株茎秆基部萌生较多分株，同时各越冬茎秆的顶端抽生复伞形花序，陆续开花后结实。

三、对环境条件的要求

1. 温度 水芹喜温暖，适宜冬暖夏凉，不耐严寒和酷热，不耐冰冻和浓霜。越冬植株在气温上升到10℃左右时开始生长，15～25℃生长最旺盛。萌芽生长期适温20～25℃，30℃以上生长停止，冬季气温下降到10℃以下生长停止，在0℃以下发生冻害。

2. 水分 水芹喜温润，生长期需要充足的水分。幼苗期适宜5厘米以下浅水，随着植株的生长，逐渐加深水层可促使茎部和叶梗伸长，只要心叶高出水面3～5厘米即可。冬季灌深水有利于茎叶软化。

3. 光照 水芹要求光照充足，不耐阴，短日照条件下营养生长旺盛，长日照条件下进入生殖生长阶段并开花结实。

4. 土壤肥料 水芹适宜土层深厚、保水保肥力强的黏质壤土，适宜pH6.5～8.5。生产上为保证营养器官脆嫩，要求肥料以氮肥为主，磷、钾肥适量配合；留种田为保证种苗健壮，要求氮、磷、钾、钙齐全。

第二节　类型与品种

一、类型

目前栽培上主要是普通水芹和中华水芹两个种。栽培学上主要按小叶形状分为圆叶和尖叶两类。圆叶类型即组成羽状复叶的小叶片呈卵圆形或阔卵形，小叶片的长度和宽度相适或长略大于宽，如无锡玉祁水芹、常熟白种水芹、溧阳水芹等。尖叶类型即小叶呈卵形或尖卵形，小叶片的长大于宽 0.5 厘米以上，如丹阳水芹、扬州长白芹、琼海水芹等。

二、主要品种

1. 玉祁水芹　江苏无锡市玉祁镇地方品种。株高 50～70 厘米，茎上部直立，复叶轮廓为广三角形，长 7～15 厘米，宽 8～12 厘米。小叶片广卵形或卵形。茎较粗壮，粗 1 厘米左右，幼嫩时多为薄壁细胞所充实，每株分株 5～7 个。产品香味较浓，品质好，较晚熟。一般于 8 月下旬种植，12 月开始采收，一直可采收到次年 3 月下旬。一般每 667 米^2 产量 3 000～3 500 千克，单产田可达 5 000 千克。

2. 常熟白种芹　江苏常熟市郊区地方品种。株高 50 厘米左右，复叶长 10 厘米，宽 9 厘米左右。小叶片卵圆形，长 3 厘米，宽 2.1 厘米左右。茎秆中空，上部淡绿色，下部白绿或白色，节间有少许红褐色，每株分株可达 3～4 个。早熟种一般于 8 月下旬种植，11 月下旬到 12 月份采收。主茎、侧枝和分株均较白嫩，品质好，但不能延迟到春季采收，否则位于水中的茎节均易发生须根，使品质变劣。一般每 667 米^2 产量 3 000 千克左右。

3. 溧阳水芹　江苏溧阳市地方品种。采用旱培的方法软化，茎白净，微甜，脆而爽口，株高 50～70 厘米，茎粗 0.8～1.1 厘米，茎绿色，有棱，横切面近圆形，中空，节间长 7～8 厘米，叶片阔卵形，长 3.4 厘米，宽 1.5～1.7 厘米，深绿色。总花序 8～9 厘米，伞辐 1.2～1.8，花白色，每小伞着生小花朵 28 个左右，每 667 米^2 产量 3 000 千克左右。

4. 桐城水芹 安徽桐城市地方品种。株高 70 厘米左右，茎粗 1 厘米左右，节间长 5～9 厘米。顶端小叶卵形，长 3.4 厘米，宽 1.3 厘米，绿色。桐城当地不同季节栽培方式不同，采收期也不同，产量也有所差异。一般 2 月中旬采收，每 667 米^2 产量1 500～2 000千克，秧子青老（2～4 月份采收）每 667 米^2 采收 3 000～3 500千克。

5. 衢州水芹 浙江衢州市农家品种。植株高 50 厘米，开展度 39 厘米。小叶菱状椭圆形，最大小叶长 4.5 厘米，宽 3.5 厘米，浅绿色。最大叶柄长 25 厘米，宽 0.7 厘米，白绿色，基部横径 2.2 厘米，白色。晚熟，属旱地软化栽培类型。

6. 杭州水芹 浙江杭州市农家品种。地上茎高 45～60 厘米，地下茎长 6～15 厘米，白色，横径 0.5～1 厘米。小叶片长 3～5 厘米，宽 1～2 厘米，菱形，色绿或紫红。叶缘锯齿状，叶柄长 20～30 厘米，横径 0.5 厘米。中熟。

7. 鹰潭水芹 江西鹰潭市农家品种。株高 50～60 厘米，开展度 57～66 厘米，茎横径 1.2 厘米左右。小叶卵圆形，长 5 厘米，宽 3 厘米，叶色浅绿。叶柄长 20 厘米，横径 10 厘米，浅绿色。中熟，定植至初收 120 天。

8. 丹阳水芹 江苏丹阳市地方品种。株高 90～100 厘米，茎粗 0.7～1 厘米，茎横切面棱形，节间处紫红色，从根基部分枝。叶片长卵至披针形，长 4 厘米，宽 1.4 厘米左右。在当地作为深水栽培品种。

9. 扬州长白芹 江苏扬州市地方品种。株型细长，株高70～80 厘米，最高可达 90 厘米。复叶长 20 厘米，宽 12 厘米左右，柄长约 30 厘米，小叶片尖卵形。茎中空，上部绿色，下部位于水中

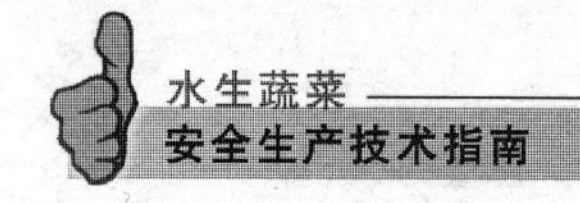

呈白绿至白色。中熟种。

10. 鄂水芹1号 武汉市蔬菜科学研究所选育，2008年通过湖北省品种审定。株高45～50厘米，茎直立，茎横切面圆，粗1厘米左右，绿色。叶柄长18～21厘米，小叶片卵圆形，长3.3厘米、宽2.1厘米，绿色。每千克新鲜产品含维生素C 82.2毫克、粗纤维0.9克。单株重30克左右，每667米^{2}产量3 200～3 700千克。适应性强，口感清脆，芳香味浓。

11. 91-55水芹 武汉市蔬菜科学研究所选育。株高40～50厘米，茎粗0.8～1厘米，茎横切面圆形，紫红色，节部深红色，根状茎8～30厘米。茎下部末回裂片菱状卵形，长4.2厘米，宽2.3厘米；茎上部叶末回裂片线形，长3.4厘米，宽1.5厘米。叶色绿色，叶柄长28厘米。4月下旬至5月上旬开花，比其他普通水芹品种早熟50～60天，生育期45～50天。耐热性强，夏季气温30～35℃条件下植株仍生长正常，适宜越夏或早秋季栽培。采收期9月下旬至翌年4月上旬。早期采收每667米^{2}产量2 200千克左右，后期产量4 000千克。

第三节　栽培技术

一、栽培季节与茬口安排

栽培模式有早藕—水芹、早稻—水芹、水芹—旱生蔬菜、水芹—鱼（套养）等。

二、栽培技术

目前各地栽培的方式各有不同。江苏苏州、无锡一带多采用浅水栽培，然后深栽软化；溧阳采用旱生培土软化；丹阳采用深水软化；安徽桐城采用青老栽培方式，一年采收5～6次，即头道青老、二道青老、三道青老、四道青老、五道青老、一季青老。下面主要介绍软化栽培技术。

(一) 深栽软化栽培

1. 土壤准备 要求水源丰富、地势平坦、排灌便利及保水性好。宜耕深25～30厘米，要求清除杂草，耙平泥面。田块四周和中间开宽、深均15厘米的围沟和腰沟，腰沟间距2～3米。每667米^{2}施腐熟厩肥3 000千克、磷酸二铵60千克及复合微生物肥料180千克。

2. 种茎准备 从专用留种田内采集种茎，采集种茎的种株应具品种典型性状，生长健壮，无病虫为害或病虫为害较轻。种茎粗1.0厘米，不宜大于1.5厘米或小于0.5厘米。早熟品种一般应催芽，在栽植前15天采集种茎；晚熟品种一般不催芽，在栽植前1～2天采集种茎。

3. 种茎催芽 将种茎基部理齐，除去杂物，捆成30厘米的圆捆，并剪除种茎上无芽或只有细小腋芽的顶稍。然后堆码，堆码地点最好为近水源的树荫下或覆盖黑色遮阳网的棚架下。堆码前先垫10厘米厚稻草一层，堆码时将捆扎好的种茎交叉码放，码放高度和直径不超过2.0米，堆码后再覆盖5～10厘米厚的稻草一层。每日早、晚各浇水一次，保持堆内温度20～25℃。每隔5～7天，于早上凉爽时翻堆一次，洗去烂叶残屑，调动位置，重新堆码。催芽指标为种茎50%以上腋芽萌发，且芽长2～3厘米。

4. 大田定植 早熟品种8月下旬至9月上旬，在阴天或晴天下午3～4时开始栽植。晚熟品种9月下旬至10月上旬。排播时，先排播四周，后播中间。四周排播时将种茎稍头向内，中间排播时可不考虑方向。排播行距6厘米，种茎单条接连摆放。采用撒播时，先对四周排播两圈，种茎头向内，行距6厘米，至中间再行撒播，撒播应均匀。每667米^{2}种茎用量一般200～250千克。

5. 大田管理

（1）*水层调节* 栽植后15天内，在田沟中保水使畦面充分湿润而无水层，遇雨应及时排水。栽植后15～20天排水搁田1～2天，使土壤稍干或表面出现细裂纹。搁田后灌水3～5厘米深。

(2) 追肥　第一次追肥在搁田后进行，每 667 米^2 浇施20%～25%腐熟粪肥水液 2 000 千克。第二次在第一次追肥后15～20 天施入，每 667 米^2 浇施 20%～25%腐熟粪肥水液 2 500 千克。第三次在第二次追肥后 15～20 天施入，每 667 米^2 浇施 20%～25%腐熟粪肥水液 2 500 千克。

(3) 匀苗　即从秧苗过密处将秧苗移栽至过稀或缺苗处。在苗高 15 厘米时进行，使穴间距 10～12 厘米，每穴 2～3 株。

6. 软化　包括深栽软化和灌深水软化。深栽软化在 10 月中下旬株高 35～40 厘米时进行，将植株连根拔起，理齐根部后重栽。每穴栽 20～30 株，深 15～20 厘米，穴间距 15 厘米。软化期间停止施肥。水层要求随气温降低而逐渐加深，以植株生长点露出水面 3 厘米为宜。

7. 采收　深栽软化 20 天后可开始采收，分批进行，可持续至翌年 4 月上旬。

（二）深水软化栽培

灌深水软化适宜于水质较深的田块，前期能排干田水，后期能逐步蓄深水，使水层最深达 1 米左右。催芽排苗方法如上述，但从排水搁田以后则不再相同，即不再保持浅水灌溉，而是随着植株长高逐步加深灌水，使田间水层保持植株上部 20 厘米左右露出水面，亦即每株约有 3 张叶片露在水上，进行正常生理活动，灌水深度一般达到 70～80 厘米。可在 11 月下旬至 2 月上旬陆续采收。用本方法软化的水芹，茎秆淡绿，味清脆，667 米^2 产量可达 5 000～12 500千克。多采用异叶水芹，如丹阳水芹、扬州长白芹等。

（三）培土软化栽培

此方法对土壤要求较高，一般选择保水力强的壤土或黏壤土菜田。具体做法是：8 月上旬每 667 米^2 施厩肥 5 000 千克，过磷酸钙 50 千克，硼砂 1 千克，把肥料翻入土中。畦面宽 1.2 米，沟宽 0.3～0.4 米，深 0.15 米。在畦面上横向开排种沟，排种沟间距 20

厘米，宽 6～8 厘米，将已催芽的种株单行平放排入沟中。如果一个种株长度不够沟长，可以从别的种株上折下一段补齐。排种后覆土 3 厘米左右，浇透水，覆盖遮阳网或秸草保湿。出苗前浇水，保持地面湿润。旺长期追肥 2 次，每次 667 米^2 施腐熟人粪尿 2 500 千克，氯化钾 5 千克或 25%的复合肥 50 千克。除草、中耕，促进旺盛生长。10 月下旬，气温降至 15℃以下时培土软化。培土前再按上述施肥量追肥一次。培土时用两块长度与畦面宽相等、宽 30 厘米的木板插到植株行间，夹住水芹，木板两头分别用木桩固定，再取灌排沟中的土填入木板间，一边填土，一边整理植株，使其自然埋入土中，不能被压弯。培土高度以植株顶部露出土面 3～5 厘米为宜，将土拍实后，抽出木板，再继续培下一行。依此类推。培土在晴天下午进行，培土后灌一次水，灌水深度比培土前的畦面低 2～3 厘米。一般培土 25～30 天后即可采收上市。

（四）芹芽栽培

利用覆膜生产芹芽，该方式省工，效益高，每 667 米^2 产值 4 000元以上，是值得推广的水芹种植方式。8 月底选择地势平坦的水田，施入有机肥并耙耕整平，整成宽 4.0 米的畦，之后将水芹种茎段均匀撒于田内，保持一薄层水，11 月中旬至 12 月（根据芹芽上市时间确定具体覆盖时间），水芹植物长至 35 厘米以上时，采用黑膜或透明农膜覆盖于畦面上，沿同一方向轻压倒水芹植株，再在其上覆盖 10 厘米厚的谷壳或稻草，以谷壳为佳。一般当气温较高时，15～20 天后即可采收芹芽；当气温较低时，40 天后即可采收。覆盖时间可依据上市期而定。芹芽产品长约20～30 厘米，每 667 米^2 产量可达 1 250 千克。色白如玉，清香脆嫩，营养丰富，风味独特，可用于炒、烫、凉拌等。

三、病虫害防治

1. 水芹斑枯病 选用抗病品种，注意氮、磷、钾肥配合施用，防止氮肥偏多。发病初期用50%多菌灵可湿性粉剂500倍液和50%代森锰锌可湿性粉剂600倍液交替喷雾，安全间隔期不少于10天。

2. 水芹锈病 选择抗病品种。发病初期用25%粉锈宁可湿性粉剂1 000倍液和50%代森锰锌可湿性粉剂600倍液交替喷雾，安全间隔期不宜少于10天。

3. 胡萝卜微管蚜 短时间内灌深水淹没植株，可淹死蚜虫。发生初期用40%乐果乳油1 000倍液和50%辟蚜雾可湿性粉剂1 000倍液交替喷雾1次，安全间隔期不少于10天。

四、采收

芹菜的采收时期与采收量和品种、栽培时间与栽培方法有关。早熟品种、早栽、早软化的可以早收，在软化后20余天即可采收，最早在10月底。一般在12月开始采收，一直至翌年3月底采收结束。可根据市场需要随时采收，但一般以春节前后为采收盛期。

水田深栽软化和灌深水软化栽培的，连带植株根部拔起，清除根部泥土和腐烂茎叶。旱地软化栽培，软化后30～60天叶柄转白时，即可采收上市。采收将植株连根挖起或用镰刀平土收割，然后放在清水中漂洗干净。

五、留种

选择地上部群体整齐一致、生长健壮、无病虫害的田块，淘汰病株、弱株、劣株以及不符合品种特性的植株，选留具有原品种的特征、生长高度中等，茎秆粗壮，节间较短，分株集中的植株作种株。留种田应选择肥力适中、靠近水源、灌排两便的田块，注意氮、磷、钾肥配合，防止氮肥偏多。将选好的种株拔起重新栽植，行株距18厘米×20厘米，每穴栽插1～3株，栽植深度10～15厘米，栽植后保持5厘米左右的浅水层。留种田一般不追肥。保持浅水，炎热天要换水，排除宿水。生长前期注意田间除草和疏苗，对生长过密的可疏去部分弱分枝，生长繁茂的可割去顶梢。5～6 月份种株高达 1 米以上，抽薹开花，茎秆老熟，叶片枯黄，节上都生有小芽，此时不能下田践踏。此外，要及时防治蚜虫。

（执笔人：叶元英，周凯）

第八章

菱角安全生产技术

菱，别名菱角、龙角、水栗。菱科菱属一年生水生草本植物，长江流域及其以南各地均有栽培，分布较广，栽培历史悠久，其中以江苏、浙江、安徽和湖北等面积较大。

据测定，每100克菱含水分69～81克，蛋白质2.6～3.6克，碳水化合物14～24克，粗纤维0.5～1.0克，还含有多种维生素和矿物质。嫩菱可作水果、蔬菜或加工成罐头食品。老菱可作菜肴和粮食，也可加工成菱粉或作酿酒、制醋的原料。菱粉可作食品原料，也可作棉纺和造纸的浆料等，果壳可提取染料。茎叶是饲养家畜的优质青饲料，亦可沤制绿肥。菱可入药，《本草纲目》记载，“菱，性寒，生食，解积暑烦热，生津健脾，和气益胃”。现代医学研究发现，菱肉中含有麦角甾四烯和β谷甾醇，具有一定的抗癌作用，已用于防治子宫癌和胃癌的临床试验。

第一节　生物学特性

一、植物学特征

菱形态特征见图8-1。

1. 根　次生根系，可分为土中根和水中根。种菱萌发后，在发芽茎上抽生胚根，胚根基部较粗，尖端逐渐变细，弯曲成弓形，称弓形根。弓形根很快停止生长，随即长出次生根。次生根有两种，一种是弦线状须根，着生在胚根和靠近土壤的茎节上，长达数

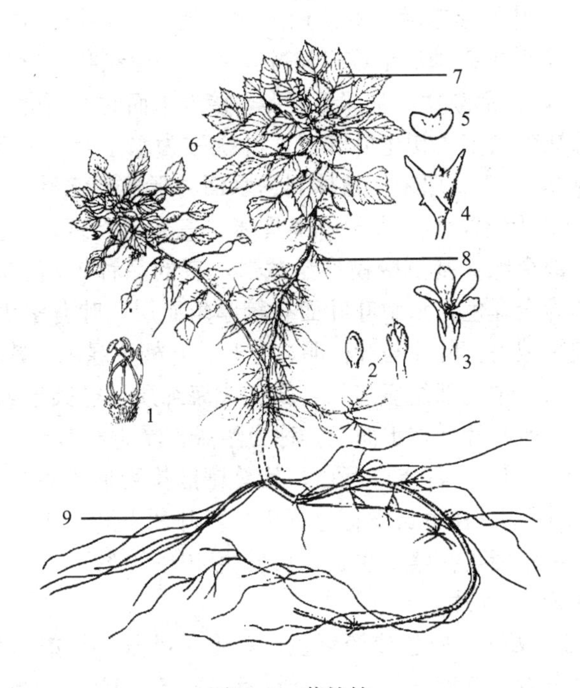

图 8-1　菱植株

1. 去花瓣花（示雌、雄蕊）　2. 花蕾
3. 花　4. 果实　5. 果肉　6. 菱盘　7. 叶片
8. 水中根　9. 土中根

十厘米，白色或粉红色，可伸入土中吸收养分，是土中吸收养分的主要器官，又叫“土中根”；另一种是不定根，绿色，羽状，着生在菱茎的各节上，每节 2 条，对生，一般长 10 厘米左右，可进行光合作用并吸收水中的养分，称为“水中根”或“叶状根”。

2. 茎　在发芽茎上与胚根交汇处一般 2～3 条主茎，绿色或紫红色，细长，蔓性，不能直立，长可达 2～5 米。茎中下部节间较细长，接近水面的节间逐渐粗短，到达水面的节间密集，着生叶片，形成菱盘。接近水面的主茎上可产生一级分枝，一级分枝上又可产生二级分枝。一般每株分枝数 10～20 个。各级分枝伸至水面的顶端都可形成菱盘。

3. 叶 叶的形态随生育期而变化。初生叶狭长，先端全缘或2～3裂，无叶柄。随后形成过渡叶，或称“菊状叶”，狭长形，先端2～3裂，上部渐宽，基部菱楔形，接近水面时逐渐变为长菱形，上部叶缘缺刻增多。初生叶和过渡叶统称为水中叶，一般长3～5厘米，宽0.5～1.0厘米。植株到达水面时形成浮水叶，浮水叶片长2.0～7.0厘米，宽1.9～10.0厘米，三角形至菱形，上部边缘有齿，下部全缘，基部阔楔形至截形，有的品种表面有紫褐色斑纹，有的为全绿色。水中叶叶面有较厚角质层，叶背多为黄绿色，其上密被短绒毛。叶片与叶柄明显分开。叶柄黄绿色或紫褐色，多数被短茸毛，中上部组织疏松，膨大成海绵质，椭圆形或纺锤形，内贮空气，使叶片浮在水面上，称为浮器。浮器长1.5～4.0厘米，粗0.7～1.8厘米。浮水叶互生，旋叠镶嵌排列形成菱盘。菱盘直径25～45厘米。在生长发育过程中，新叶片不断产生，老叶片不断脱落，单个菱盘在整个生长期可发生40～80枚叶片，采收盛期有功能叶25～40片。

4. 花 两性，白色或淡紫色，单生于叶腋，辐射对称，自下而上顺序发生。花瓣4枚，白色或粉红色，倒卵状三角形，上部具1个或多个波状缺刻，长0.8～1.7厘米，宽0.3～1.0厘米。萼片4枚，长0.4～0.8厘米，宽0.2～0.4厘米，外被茸毛，多为黄绿色或下部为黄绿色，尖端带粉红色，贴生于子房。萼片宿存，在果实上发育成坚硬的刺或角。雄蕊4枚，长0.5～1.0厘米，雌蕊1枚，花柱细，柱头近球形。花出水开放，受精后没入水中，子房半下位，2室，胚珠下垂，每室各1，结实时仅1室发育成种子，另1枚退化。

5. 果 坚果，不开裂。外果皮薄而柔软，有紫红色、粉红色、青绿色、白绿色和绿泛粉红色等多种颜色，在果实老熟后腐烂脱落。内果皮（果壳）革质，幼果时较软，老熟后厚而坚硬。果顶部有1发芽孔，被有薄膜，孔四周具刚毛。果冠有的高突肥大，有的较小或不显著。果具四角、两角或无角，有的果角尖端锐尖，有骨质倒刺；有的尖端为圆钝状。果形及果角形状与着生状态变化较大。果内有种子 1 枚。幼果密度较小，离体后常浮于水面；老熟果密度达 1.1～1.2，离体后常沉入水下。

6. 种子 种子被包在果实内，呈倒钝三角形，种皮膜质，无胚乳，有大小悬殊的子叶 2 枚。大子叶呈倒钝三角形，一侧隆起，一侧稍凹陷。小子叶呈半球形，膜质，既薄又小，胚芽隐藏在其中内侧。

二、生长发育过程

菱的全生育周期可分为萌芽期、幼苗期、营养生长盛期和开花结果期等 4 个阶段。

1. 萌芽期 从种子萌发开始到胚根和下胚轴生长伸出发芽孔为止。一般在平均气温稳定上升至 13℃以上开始，长江中下游地区菱种子一般在 3 月中旬左右萌芽。本阶段营养器官尚未形成，主要依靠种子本身的养分分解和转化供应。

2. 幼苗期 从种子萌芽结束开始，到植株主茎产生浮水叶，形成菱盘为止，通常需 1 个月左右的时间。这一阶段前期以种子供应养分为主，后期逐渐过渡为依靠植株的土中根和水中根吸收供应营养。

3. 营养生长盛期 从植株主茎菱盘形成后开始到现蕾为止。这一时期早熟品种较短，晚熟品种较长，长江中下游地区一般在 5～7 月份。本阶段主茎菱盘叶片数增加，叶面积扩展，同时从主茎中上部陆续抽生分枝，分枝的中上部还可产生分枝，分枝顶端形成菱盘，营养器官迅速增加，植株对肥料的需求也显著增加。本阶段为开花结果和高产提供物质基础。

4. 开花结果期 从植株现蕾到衰老枯黄为止。这一阶段是形成产品和产量的主要时期，昼夜温差大有利于养分积累。一般在 7～10 月份，具体因品种、气候条件和栽培条件而异。

三、对环境条件的要求

1. 温度 种子萌芽始温 13℃，从种子萌芽到菱苗出水适宜温度20～25℃，植株出水后至产生分枝形成菱盘以20～30℃为宜，从开花到果实成熟以25～30℃为宜。水温超过35℃时，会影响受精和种子发育，造成花而不实，产量降低。

2. 光照 种子萌芽阶段对光照要求不高。但从植株出水到形成菱盘、产生分枝这一阶段，光照充足有利于光合作用和营养物质积累。开花结果阶段，亦要求光照充足。

3. 水 菱既可深水种植，也可浅水栽培，一般最深水层不宜超过4米。种子萌芽阶段水层可浅些，菱苗出水后可逐渐加深，但不能暴涨暴落，一般水层1.0～2.0米为宜。在夏季高温季节，若水层过浅，池底污物发酵，通气不良，会影响菱的生长和产量。

4. 土壤 菱主要依靠土中根从土壤中吸收矿质营养，要求土壤松软、肥沃，淤泥层20厘米以上。在花果期要做到氮、磷、钾比例适当，磷、钾肥较多时，植株抗病性增强，结果多，品质好，产量高。若氮肥过多，则易造成植株徒长，结果少，影响产量。

第二节 类型与品种

一、类型

园艺学上根据果角的数目，将菱分为四角菱、两角菱和无角菱3种类型；根据适宜栽培水层深度，分为浅水菱和深水菱2种类型；根据熟性的差异，分为早熟、中熟和晚熟3种类型等。

二、品种

（一）浅水菱

1. 水红菱 江苏苏州地方品种。菱盘直径约45厘米，叶片阔三角形，叶表绿带紫褐色斑，长5.9厘米，宽8.2厘米。叶柄红褐色，长15.7厘米，横径0.8厘米，浮器长3.2厘米，横径1.4厘米。花白色，花梗横径0.4厘米。果四角锐尖，果皮紫红色，肩角

短粗、上翘，腰角斜下伸，果梗粗1.1厘米，果高2.6厘米，果宽5.7厘米，平均单果重约18克，单果肉重约10.4克。早熟，分枝性中等。果肉含水量较多，甜、脆，宜生食，老果煮熟后较粉，果壳薄而较软，品质优。采收期8月上旬至10月上旬，每667米^{2}产量500～700千克。

2. 邵伯菱 江苏江都市邵伯镇地方品种。菱盘直径约48厘米，叶片阔三角形至近菱形，叶表全绿色，叶片长6.8厘米，宽9.2厘米。叶柄黄绿色，长17.0厘米，横径0.8厘米，浮器长3.2厘米，横径1.4厘米。花白色。果四角锐尖，果皮淡绿色，果肩高，肩角斜下倾，腰角斜下伸，果高2.0厘米，果宽5.4厘米，平均单果重约9克，单果肉重约5.8克。中熟，分枝性较强，为四角菱类型中的栽培品种。果壳较薄，肉质糯性，味甜，宜熟食，品质好。采收期8月中旬至10月上旬，每667米^{2}产量500～700千克。

3. 嘉鱼菱 湖北嘉鱼县地方品种。菱盘直径约37厘米，叶片近三角形，叶表全绿色，长5.5厘米，宽8.8厘米。叶柄黄绿色，长13.3厘米，横径0.6厘米，浮器长3.2厘米，横径1.5厘米。花白色。果两角，粗长且下弯，尖端锐尖，果皮青绿色，较厚硬，果高3.3厘米，果宽10.8厘米，平均单果重约23.4克，单果肉重约9.6克。晚熟，分枝性中等。果肉淀粉含量高，品质好，宜熟食。采收期8月上旬至10月上旬，每667米^{2}产量500～700千克。

4. 孝感红菱 原产湖北孝感市。菱盘直径约37厘米，叶片阔三角形，叶表全绿色，长5.5厘米，宽7.2厘米。叶柄绿泛红褐色，长14.2厘米，横径0.6厘米，浮器长3.0厘米，横径1.5厘米。花白色，花梗横径0.3厘米。果两角，果皮紫红色，两角斜上举后下弯，尖端锐尖，果高2.4厘米，果宽5.6厘米，果梗横径0.9厘米，平均单果重约9.9克，单果肉重约5.7克。早熟，分枝性中等。果肉甜脆，可生食或菜用，品质较好。采收期7月下旬至10月上旬。

5. 小白板 江苏地方品种。菱盘直径37厘米左右，叶片近菱形，叶表全绿色，叶片长5.6厘米，宽7.5厘米。叶柄黄绿色，长12.9厘米，横径0.6厘米，浮器长3.5厘米，横径1.0厘米。花白色，花梗横径0.4厘米。果两角，平伸，尖端钝圆，果皮粉红色，果高2.7厘米，果宽5.7厘米，果梗横径1.1厘米，平均单果重约14克，单果肉重约7.6克。中熟，分枝性较强。果肉较脆，面而细，果壳较薄，品质好，宜生食或菜用。9月上旬至10月上旬采收，每667米^{2}产量500千克左右。

6. 扁担菱 江苏苏州市地方品种。菱盘直径39厘米左右，叶片近三角形，叶表全绿色，长5.6厘米，宽7.9厘米。叶柄黄绿色，长15.9厘米，横径0.6厘米，浮器长3.0厘米，横径1.1厘米。花白色。果两角，粗长且下弯，尖端锐尖，果皮青绿色，较厚硬，果高3.1厘米，果宽8.5厘米，平均单果重约19.8克，单果肉重约11.2克。晚熟，分枝性中等。果肉淀粉含量高，品质好，宜熟食。

7. 广州红菱 别名五月菱。广州市地方品种。菱盘直径33厘米左右，叶片菱形，长4.5厘米，宽6厘米。果实具2角，平伸，果皮紫红色，果高2.5厘米，果宽6.5厘米，果肉白色。早熟，耐热，果肉脆嫩，品质优。收获期6～8月份，每667米^{2}产量1 000千克左右。

8. 南湖菱 别名和尚菱、圆角菱。浙江嘉兴南湖地方品种。菱盘直径约42厘米，叶片阔三角形，叶表全绿色，长6.6厘米，宽9.7厘米。叶柄黄绿色，长17.1厘米，横径0.7厘米，浮器长3.0厘米，横径1.2厘米。花白色，花梗横径0.5厘米。果四角均退化，仅剩痕迹，一侧较平，一侧较凸，外形像元宝，果皮白绿色，较薄，易剥，果梗横径1.1厘米，果高2.6厘米，果宽4.2厘米，平均单果重约13.8克，单果肉重约7.4克。中熟，分枝性中等。果肉较甜、脆，带糯性，适于采收嫩果供生食。采收期8月中旬至10月上旬，每667米^{2}产量700～900千克。

（二）深水菱

1. 小白菱 江苏吴县地方品种。晚熟，果较小，果皮白绿色，两肩角略向上斜伸，两腰角下弯，腹部稍隆起，皮薄肉硬，淀粉含量多，宜熟食，品质中等，平均单果重 7.5 克，果重与肉重之比约 1.4∶1。植株茎蔓较强韧，菱盘较小，生长势和抗风能力均较强，生长适应范围广。

2. 浙江青菱 别名畅角菱。浙江杭州和嘉兴地方品种。菱盘直径约 40 厘米，绿叶 30～36 片，叶菱形，长 6 厘米，宽 8 厘米，叶表光滑，深绿色。叶柄长 22 厘米，横径 0.6 厘米，浮器长 4 厘米，横径 1.4 厘米。果有四角，肩角平伸，腰角向下斜，表皮青白色，壳较厚。果高 3 厘米，厚 2.4 厘米，单果重 14 克，肉重 9.5 克左右。中熟，耐涝性强，耐寒性弱，耐热性强，抗风和抗病虫能力中等。肉质白，品质中等，可生食，宜熟食。

3. 巢湖大红菱 别名红绣鞋、荷包菱。安徽巢湖地区地方品种。菱盘直径 38 厘米左右，叶片近菱形，叶片长 5.5 厘米，宽 7 厘米。最大叶柄长 14 厘米，横径 0.7 厘米，浮器长 3 厘米，横径 1.4 厘米。果两角，平伸，果皮紫红色，平均单果重约 20 克，单果肉重约 15 克。皮薄肉嫩，肉质松，宜生食和熟食，品质好。晚熟，分枝性中等，适宜水层 3～4 米，能耐最大水层 5 米，9 月下旬开始采收，每 667 米^2 产量 700～900 千克。

4. 撬角菱 别名扒菱。浙江湖州农家品种。栽培历史悠久。菱盘直径 40 厘米左右，叶片菱形，叶片长 6.6 厘米，宽 9.6 厘米。最大叶柄长 17 厘米，横径 0.6 厘米，浮器长 2.5 厘米，横径 1.2 厘米。花白色。果两角，平伸后下弯，果皮淡绿色，老熟果壳硬而厚。果高约 3.4 厘米，果宽 9.1 厘米，平均单果重约 21.5 克，单果肉重约 9.5 克。晚熟，生长势强，耐瘠薄，抗风浪，适宜深水或河道栽培。老熟果不易脱落，肉质较硬，适于风干成菱干或制菱粉。每 667 米^2 产量 1 000 千克左右。

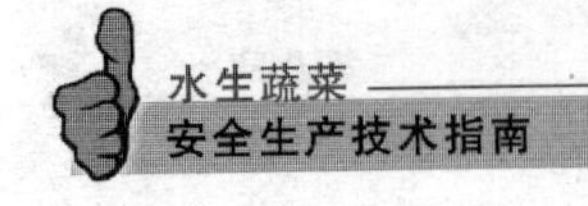

第三节　栽培技术

一、栽培季节与茬口安排

（一）栽培季节

长江中下游地区一般 3 月下旬至 4 月初播种，早熟品种 7 月上中旬开始采收，一般 9 月下旬至 10 月上旬采收结束。华南地区多 11～12 月份播种育苗，翌年 2～3 月份定植，早熟品种 6 月份开始采收，一般 8～9 月份采收结束。

（二）茬口安排

1. 菱、芡实与养鱼轮作，每年一熟制　适用于长江流域及其以南地区。菱和芡实均选用耐深水品种。先种菱，每 667 米^2 水面年产菱 500～700 千克，一般种植 3～4 年，植株生长衰退，产量降低，改种芡实。芡实每 667 米^2 年产干芡米 25～40 千克，也有的地方在夏秋采收芡实的叶柄，作为蔬菜上市供应。种植 2～3 年芡实后可再放养种鱼。养鱼的种类宜为食草性、非食草性及适宜不同水深的鱼种并存。食草性的鱼觅食芡实苗、杂草等，为下一次种菱清除杂草。同时，鱼类的排泄物又可改良水下土壤，为再次种菱提供优良的生态环境。每年 667 米^2 产成鱼 150～300 千克，养鱼 2～3 年后，可又重新种菱，进行下一次循环轮作。

2. 深水藕、菱与养鱼多年轮作制　适于长江流域和华南地区，1.0～1.5 米的池塘湖荡，地下土壤比较肥沃。第一年春季种植耐深水莲藕，秋冬采收，连续种植 3～4 年，每 667 米^2 年产藕 1 500～2 000 千克，然后改种菱，春季播种，种植 3～4 年，每 667 米^2 年产菱 400～600 千克，以后改为养鱼，方法过程同上例。

3. 浅水菱与豆瓣菜大棚栽培轮作制　适于长江流域及其以南地区的浅水田。选择地势平坦、排灌方便的田块搭建大棚，第一年 3 月份将已育成的菱苗移栽至大棚中，至 11 月中下旬菱采收结束，然后排水整地，再将已育成的豆瓣菜秧苗定植到大棚中，至第二年2月采收完毕，可又重新移栽种菱，进行下一次循环轮作。浅水菱、豆瓣菜大棚栽培轮作，667 米^2 可产菱 2 200 千克左右，产豆瓣菜 2 000 千克左右。

4. 菱鱼间作制 适于长江流域及其以南各地较深水面。春季播种菱，播种量一般比单作菱减少 1/4，待菱苗出水，形成主茎菱盘和少数分枝菱盘时，向水中放养鱼苗，每 667 米^2 可投放 10～13 厘米大规格鱼苗 200～300 尾，宜放养鲢、鳙、鲫、鲤等鱼种，不能放养鲂鱼、草鱼等食草性鱼类，以免损伤菱苗。荡内水面要间隔一定距离，用竹竿扎成方框，浮于水面，以阻拦菱盘及杂草长入框内，保持总种养面积 15%左右的空闲水面，供鱼呼吸换气和见光，菱盘不能长满水面，否则鱼易窒息死亡。菱、鱼间作，每 667 米^2 可产菱 400～500 千克，产鱼 100 千克左右。菱病虫害防治禁用对鱼类有毒害的农药。

二、常规露地栽培

（一）大田土壤准备

宜选择水层 0.3～4.0 米，土质肥沃，风浪较小，涨落平缓的池塘、河湾、低洼水面、湖泊边缘等。淤泥层深度在 20 厘米以上为宜，土壤有机质含量达到 1.5%以上。种植前清除菱塘中的野菱、水绵、水草等。每 667 米^2 均匀施草塘泥等有机肥 3 000～5 000千克。

（二）秧苗准备

1. 育苗 一般水深超过 2.5 米以上的水面，直播出苗困难，即使出苗，也较迟缓，瘦弱纤细，产量较低，可以采用育苗移栽的方法。若遇菱种不足时，也可采用此法，提高出苗率和成活率。选土质肥沃、避风向阳、排灌方便的池塘作育苗池。将种菱盛放于容器中，加入薄水层，上盖薄膜晒暖，夜晚加盖草帘保湿催芽，芽长至0.5厘米左右时，均匀撒播或条播到育苗池中育苗。播种前要清除育苗池的杂草，浅水菱宜在3月上旬开始催芽育苗，每667米^{2}育苗池的播种量为80～100千克。育苗池水层一般保持10～20厘米。深水菱宜在3月下旬开始催芽育苗，每667米^{2}育苗池的播种量为50～70千克。菱苗出水后，应逐渐加深水层，到移栽前一周达到与定植水面的水层相等，使移栽的菱苗能迅速适应深水环境。

2. 起苗 浅水菱一般在主茎菱盘形成后准备定植，要细心起苗，将2～3株苗扎成一束备用。深水菱一般在主茎菱盘形成后分枝上也形成1～2个小菱盘时准备定植。起苗时，两手抓握菱苗茎蔓，轮流逐段由下向上提，直至见到白根为止，起苗后放入船舱或盆中，每起8～10株，即将菱盘和茎蔓理齐，合为一束，用绳结扎基部，留出绳的长度以菱苗束长加上绳长之和大于水深30～50厘米为宜，绳的两端打结，供定植使用。这样栽后菱盘可浮在水面上，茎蔓可基本在水中直立，摇摆度较小，易于成活，待菱茎向下伸长后，根系即可伸入土中，吸收土壤营养。如此逐一起苗，将菱苗理扎和摆放整齐，菱盘朝下，倒放在船舱水中。

（三）大田栽植

1. 直播 水深1.5米以下的较浅水面，播种后较易出苗，可用直播方法种植。播种前再次清理菱塘，将水中的杂草、水绵、野菱等清除干净，每667米^{2}施用25～30千克石灰。长江中下游地区一般在3月下旬至4月初播种，华南地区早熟品种多在11～12月份播种，晚熟品种在1～2月份播种。播前菱种一般已发芽，芽长0.5～1.0厘米，操作时要注意避免碰断芽头，菱种要保湿，防止干燥，少受损伤，播后易出苗。

播种方法有撒播和条播两种。撒播每667米^{2}用种20～25千克。条播行距2.0～2.5米，每667米^{2}用种15～20千克。直播时，早熟品种、塘瘦水深，可适当密植；晚熟品种、塘肥水浅，可适当稀植；未种过菱的生塘可适当密植；上一年种过菱的熟塘可适当稀植。大面积直播栽培多用条播。

2. 育苗定植 大田定植，应当天起苗，当天栽植，从育苗池起苗后保湿避光运至大田。浅水菱一般在播种后 45 天左右定植，行距 1.5～2.0 米，穴距 1.5～2.0 米，每穴栽植菱苗一束，每束 3 株左右，将其插入土中定植。土壤肥沃可稀植，土壤偏瘦可密植。

深水菱一般在播种后 60 天左右进行定植，行距 2.5～3.0 米，穴距 2.0～2.5 米，每穴栽植菱苗一束，约 8～10 株，用菱叉（在长约 5 米的竹竿上装一只小铁叉）将菱束插入水底土中定植。这样使株间靠拢，遇到风浪时可以相互支持，抗风浪能力增强。

（四）大田管理

1. 水层调节 水深 0.3～2.0 米的水面，宜栽种浅水菱品种。在水深可控制的地方，开始水层保持 0.2～0.3 米，随着植株的生长，水层逐渐加深至 0.8～2.0 米为宜。水层 2.0～4.0 米的水面，宜栽种深水菱品种，水深应涨落平缓，不能暴涨暴落。

2. 追肥 浅水菱追肥前期以氮肥为主，一般在主茎菱盘形成并出现分盘时，每 667 米^2 追施尿素 10 千克。将肥料与河泥混合，做成肥泥团，分塞入水下泥中，以防流失。开花结果期以追施磷、钾肥为主，此期菱盘基本盖满水面，宜在无风的傍晚，用 0.2%磷酸二氢钾叶面喷雾，每隔 10～15 天一次，进行 2～3 次。

深水菱宜根据菱塘肥瘦，少施或不施肥，也可在花果期叶面施肥，方法同浅水菱。

3. 防除杂草 主要在菱的生长前期易于发生，一般以人工除草为宜。

4. 建造生物防风消浪带 通称扎菱垄。即在菱的外围水面浮栽水草，相互连接，形成水上“长龙”，借以防风消浪，减轻冲击，同时防止杂草、杂物漂入菱群中。大面积的河湾、湖荡种植深水菱，可以建扎菱垄。方法是：在直播菱苗出水后或移栽育苗定植后，于菱塘外围距菱株 3～4 米处打桩，桩间距离 15～25 米，视水流缓急和风浪大小而定具体间距。一般要求打桩入土 50～70 厘米，上端出水 1.0～1.5 米，以保在汛期不致将桩全部淹没水中。绳在桩上要扣以活结，使绳能随水涨落，始终浮于水面。最后在绳上每隔30～40厘米夹空心莲子草（水花生）枝段2根，枝段长20～30厘米，使之浮水生长，1～2个月后枝繁叶茂，形成水上围堤。必要时适当修剪，以防干扰外部菱盘生长。

三、设施栽培

在浙江金华、义乌等地，通过采用大棚设施栽培技术，大幅度延长了菱的生育期和采收时期，提高了菱的产量，取得了显著的经济效益。

（一）大棚准备

大棚应在播种育苗前搭建完成。选择水源丰富、排灌方便、地势平坦的田块搭建大棚。一般选用8米或6米宽钢架大棚，长度根据田地情况而定，以30～40米为宜，南北走向。大棚内要清除杂草，施入基肥，翻耕耙平，灌水，加固田埂高度到40厘米以上，防止漏水。

（二）秧苗准备

选用早熟、高产、抗病的浅水菱品种。常采用直播方法，但为方便苗期集中管理或为菱—菜轮作争取栽培时间，也可以采用育苗移栽的方法。一般在1月份进行大棚育苗，均匀撒播，育苗用种量约0.5千克/米^2，可供10米^{2}左右面积移栽定植。播种后苗床水层控制在5厘米左右，出苗后逐渐加深水层到15～20厘米。

（三）大棚栽植

1. 直播栽培　一般在1月份播种，每667米^{2}用种25～30千克，均匀撒播或条播，条播行距1米。

2. 育苗定植　定植时间可根据菱的分枝情况和秧苗密集程度而定，一般在3月中旬。主茎菱盘形成后进行移栽定植。密度1

米×1米，每穴2～3株。

（四）大棚管理

1. 水层调节 播种至出苗期间，水层控制在5厘米左右，出苗后逐渐加深到15～20厘米，移栽定植后水层保持20厘米以上。开花结果期，水层30～40厘米，并经常用流水灌溉菱田，以调节水温，增加氧气，提高开花坐果率。在整个生长过程中，应随着菱苗的生长逐渐加深水层，避免大起大落。

2. 追肥 营养生长盛期每667米^{2}追施复合肥10千克左右。开花结果期以追施磷、钾肥为主，在傍晚用0.2%磷酸二氢钾液叶面喷雾，每隔10～15天一次，根据菱盘生长情况确定施肥量及次数。

3. 温度调控 根据菱苗生长发育不同时期对环境温度的要求，随时掌握大棚温度变化，及时揭膜通风。当菱从营养生长转入生殖生长（4月中旬），棚温达到30℃以上时，撩起大棚两侧薄膜通风，揭膜宜在上午9～10时开始，傍晚再将薄膜重新盖好。5月中下旬随着气温升高，及时揭去大棚裙膜，使棚温保持在30℃左右，以利开花结果。

4. 菱盘整理 如果菱盘繁殖过多，应适时疏理，摘去多余的小菱盘，每平方米保留20个左右直径30厘米以上的健壮菱盘。采摘过程中要及时拨正和理顺被掀翻菱盘，改善通风透光条件。

5. 除草 同常规露地栽培。

四、病虫害防治

1. 菱角纹枯病 ①选水位涨落平缓，风浪较小，土壤含有机质丰富，淤泥层较厚的湖泊、池塘栽种，秋冬季节及时清除田边杂草。②加强肥水管理，以黏性河泥或肥粪混合物作基肥，施足基肥，适当增施磷钾肥，避免偏施氮肥。花果期喷施磷钾肥，促进结果。灌水深浅适度，以水调温调肥，提高抗病能力。③发病初期及时喷洒 5%井冈霉素水剂 1 000 倍液或 50%多菌灵可湿性粉剂 700～800 倍液一次，安全间隔期 15 天。

2. 菱角白绢病 ①及时清除病残株，铲除塘边杂草，集中深埋处理。②加强肥水管理，施用腐熟的有机肥，增施磷钾肥，避免过施、偏施氮肥。③在幼苗期，在菱塘周围留 1～1.5 米宽的空间隔离保护带，防止塘边越冬病菌侵入为害。④加强田间管理，实行轮作，及时防治菱角萤叶甲。⑤发病初期喷施 20%甲基立枯磷乳油1 000～1 200 倍液或 50%福尔宁可湿性粉剂 3 000 倍液、4%多菌灵可湿性粉剂 500～1 000 倍一次，安全间隔期 15 天；也可用 5%井冈霉素水剂 1 000～1 500 倍喷雾。

3. 菱角萤叶甲 ①采菱后及时处理老菱盘，可大量杀死害虫。冬季烧毁或铲除河塘边杂草及茭白残株等成虫越冬场所，压低越冬虫口密度。②防治适期为 1～2 龄幼虫高峰期，一般应重点防治第一代，或主治第二代，补治第三代。可用 25%杀虫双水剂 500～1 000倍液或 40%乐果乳油 1 000～1 500 倍液喷雾一次，安全间隔期 15 天。

4. 菱角紫叶蝉 ①清除塘边和沟边等处莎草科杂草，减少越冬卵。②喷 40%乐果乳油 1 500 倍液或 25%杀虫双水剂 250～500 倍液一次，安全间隔期 7 天。

五、采收

菱的采收成熟度因用途不同而异。生食采收标准为果已硬化，果表皮仍保持鲜红色或淡绿色，萼片脱落，尖角显露，用指甲掐刻果皮仍可轻度陷入。熟食采收标准为果已充分硬化，果表呈黄绿色或紫褐色，果实与果柄的连接处已出现环形裂纹，二者极易分离，尖角毕露，放入水中下沉。

菱塘水较浅时，可从行间直接下水采收，应拔分菱盘，逐盘检查采摘。菱塘水较深时，可行船采收。采菱时要轻提盘，轻摘果，轻放盘，以防损伤植株。以生食为目的，可浸于清水中暂时贮放，防止高温和日晒。初收期一般每隔 3～4 天采收一次，盛期每 2～3 天采收一次，后期 6～8 天采收一次。

六、留种

在采收盛期选择具有本品种特征特性，果形端正，充实饱满，无病虫害，经水选可迅速沉入水底的菱果实留种。

种菱必须在水中贮藏，保持水体清洁和流动。贮藏前，要通过水选，选留沉水果，并淘洗干净。如需贮藏 500 千克以上的种菱，宜建水中仓库，水层 2.0 米以上。种菱用竹篓分装，每篓 30～50 千克，上加篓盖。然后将竹篓在水中悬置存放，篓底距水底 30～50 厘米，篓盖距水面 80 厘米以上。定期检查，保持水层，防热，防冻，防鼠害。一般可贮藏到第二年播种季节。

（执笔人：彭静，李明华）

第九章

豆瓣菜安全生产技术

豆瓣菜，别名西洋菜、水田芥。属十字花科一二年生水生草本植物。原产欧洲地中海东部，引种至中国栽培大约在20世纪初。分布热带地区，中国广东、广西、台湾、上海、福建、四川、云南、武汉等都有栽培，其中以广东栽培历史最久，栽培面积最大。在武汉、南京、北京等大中城市作为特色蔬菜上市，颇受市民欢迎。

豆瓣菜以其嫩茎叶供食用，质地脆嫩多汁，色泽碧绿青翠，供作羹汤或凉拌生食，清香可口，营养丰富。据测定，每100克可食部分含蛋白质2.9克，脂肪0.4克，糖0.7克，淀粉0.1克，纤维素3.8克，有机酸类0.31克，灰分1.4克，维生素C101毫克，B族维生素0.02毫克，核黄素0.16毫克，烟酸0.8毫克，胡萝卜素2 040毫克，钠48毫克，钾570毫克，钙85毫克，铁3毫克，镁23毫克，锌0.7毫克。豆瓣菜味甘苦、性寒，能清燥润肺，止咳化痰，利尿，用于治疗肺结核、肺热、痰多咳嗽、皮肤骚痒、尿少等疾病。

第一节　生物学特性

一、植物学特征

豆瓣菜形态特征见图9-1。

1. 根　一般无主根，须根多，较细，入土较浅，再生力强，

图 9-1　豆瓣菜植株
1. 植株　2. 花序和果

茎中下部各节容易发生不定根，初生根白色，老根黄白。

2. 茎　半匍匐生长或浮水生长，长 40～50 厘米，中空，横切面圆形，粗 0.6～0.8 厘米，青绿色，节间短，一般长 1～3 厘米，腋芽萌发力强，多数从茎基部自下而上的叶腋中抽生侧枝。

3. 叶　奇数羽状复叶，互生，长 10～12 厘米，叶柄长2～3 厘米，小叶 1～4 对；顶端小叶卵圆形或近圆形，长 1.8～3.5 厘米，宽 2.0～3.4 厘米，小叶尖部钝圆或微凹，叶缘近全缘或呈浅波状，基部截平；侧生小叶与顶生小叶相似，叶柄基部呈耳状，略抱茎，绿色或深绿色，气温低时变为暗紫色。

4. 花　完全花，总状花序，顶生，多数，花瓣白色，倒卵形或宽匙形，具脉纹，长 3～4 毫米，宽 1～1.5 毫米，顶端圆，基部渐狭成细爪。萼片长卵形，长 2～3 毫米，宽约 1 毫米，边缘膜质，基部略呈囊状。

5. 果实与种子　长角果圆柱形而扁，长 15～20 毫米，宽 1.5～2 毫米。果柄纤细，开展或微弯，每荚种子数 35～40 粒。种子每室 2 行，卵形，直径约 1 毫米，红褐色，表面具网纹，千粒重 0.20～0.23 克。

二、生长发育过程

豆瓣菜生长发育周期一般在200天以上，可分为萌芽、茎叶生长、开花结实3个阶段。

1. 萌芽阶段 秋季气温降至25℃以下，种子播后萌芽生长，直到形成具有根、茎、叶等营养器官齐全的新株；无性繁殖的种茎，其上各节相对休眠的腋芽萌发生长，形成具有根、茎、叶相对独立的新苗。此阶段生长量较小，植株相对弱小，宜选择土质肥沃，通风荫蔽的地方，苗田保持土壤湿润，同时注意防治虫害。

2. 茎叶生长阶段 从定植开始至采收结束为茎叶生长期。本阶段生长量较大，是豆瓣菜丰产的关键时期，应不断供应肥、水，以满足生长的需要。

3. 开花结实阶段 日照由短转长，气温升至20℃以上时，开花类型的品种纷纷抽薹开花，随后营养生长基本停止，而转向受精结实和种子成熟，母株也随之逐渐枯黄，不开花类型的品种生长也逐渐转缓，以至基本停止。此阶段对开花结实的品种要增施磷、钾肥，防治虫害，无性繁殖的留种植株也要建立专门的留种田，保护种苗越夏。

三、对环境条件的要求

1. 温度 豆瓣菜喜冷凉湿润的气候，营养生长适温20℃左右，超过25℃或低于15℃时生长缓慢，降至10℃以下则生长基本停止，茎叶发红。较耐寒，不耐炎热，0℃以下茎叶受冻，超过35℃茎叶发黄，甚至枯死。

2. 水分 豆瓣菜喜水，适于3～4厘米的浅水中生长，生长盛期水层也不宜超过5厘米。水过深，植株徒长，不定根多，茎叶变黄；水过浅，新茎易老化，影响产量和品质。

3. 光照 要求光照充足，也能间断耐阴，为长日照植物，长江流域3月底至4月底开花。

4. 土壤、肥料 对土壤要求不严，但以保水、保肥力强的壤土和黏壤土为佳。要求有机肥料充足，以氮肥为主，苗期需磷较多，开花结果期需磷、钾肥较多。

第二节 类型与品种

1. 广东豆瓣菜 大叶类型。从广东中山市引进，在广州市郊区栽培已有60多年。植株匍匐并斜向上丛生，高40厘米，茎粗0.7厘米，奇数羽状复叶，顶端小叶卵圆形，长2.0厘米，宽2.2厘米，深绿色，遇霜冻或虫害时易变紫红色，各茎节均能抽生须根，分枝多，产量较高，每667米^{2}产鲜菜4 000千克左右，适应性强，武汉地区4月下旬开花，但不结子，以母株进行无性繁殖。

2. 英国豆瓣菜 大叶类型。从北京引进。植株匍匐斜向上生长，株高40～50厘米，茎粗0.79厘米，小叶1～3对，顶端小叶圆形或近圆形，长3.2厘米，宽3.4厘米，绿色，耐寒性较强，在低温条件下不变色。辛香味略淡。春季开花结籽，产量高。

3. 江西豆瓣菜 大叶类型。从江西引进。植株匍匐斜向丛生，株高40厘米左右，茎粗0.75厘米。顶端小叶卵形，长3.0厘米，宽1.6厘米，叶片绿色，叶脉红色，冬季低温条件下不变色，春季开化结籽，抗逆性强。

4. 云南豆瓣菜 大叶类型。从云南引进。植株匍匐斜向上丛生。株高50厘米，茎粗0.54厘米。顶端小叶圆形或近圆形，长2.7厘米，宽2.9厘米，叶片绿色，叶脉红色，耐寒，冬季低温不变色。分枝多，产量高，春季开花结籽较早。

5. 河内豆瓣菜 小叶类型。从越南引进。植株匍匐半斜向上丛生，高44厘米，茎粗0.6厘米，奇数羽状复叶，顶端小叶卵圆形，长2.0厘米，宽2.3厘米，深绿色，遇霜冻或干旱时变成紫红色，生长快，产量高，每667米^{2}产鲜菜4 500千克左右，春季开花但不能结实，以种茎进行无性繁殖。

第三节　栽培技术

一、栽培季节与茬口安排

长江中下游地区露地栽培时间为9月下旬至翌年4月下旬。介绍几种栽培模式如下。

1. 蕹菜—豆瓣菜—芋二年三熟制　第一年蕹菜3月份育苗，4月上中旬定植，5～8月份分次采收；9月上旬豆瓣菜育苗，10月中旬定植，11月至翌年3月份分次采收；4月上旬耕耙，整平接种芋头，于11月份地上部分枯黄后采收。

2. 早藕—豆瓣菜轮作　春季种藕，选用浅水生态型早熟品种，于3月上中旬整田种植，6～8月份采收嫩藕；9月上旬豆瓣菜育苗，10月中旬定植，11月到翌年3月分次采收。

3. 春豇豆—秋豇豆—豆瓣菜　4月中下旬播种栽培春豇豆，6月至7月上旬采收，7月中下旬播种栽培秋豇豆，8月底至9月上中旬采收，9月中下旬播种豆瓣菜，11月至翌年3月采收。

4. 一季中稻—豆瓣菜轮作　4月下旬中稻播种，5月底至6月初移栽，9月20日前采收完毕，9月上旬它田豆瓣菜育苗，10月中旬定植，11月至翌年3月分次采收。

二、秧苗准备

1. 秧田土壤准备　豆瓣菜秧田宜选择排灌两便、土质疏松肥沃的田块，扦插或播种前结合翻耕每667米^{2}施腐熟人粪尿1 000千克或腐熟厩肥2 000千克。畦宽1.2米，畦沟宽35厘米，并保持畦面充分湿润。

2. 无性繁殖　多于9月上旬到10月下旬气温25℃左右时，从越夏种蔓上采集长12～15厘米的种株，移栽于预先耕耙、整平的秧田进行繁殖。一般栽插行距15厘米，穴距10厘米，每穴2～3

株，保持田间湿润或一薄层浅水。定植后7～10天每667米^{2}追施尿素15～20千克，待秧苗高达15～20厘米时，起苗定植大田。亦可截取插条扦插，及时对秧田追肥则可以继续多次剪取，667米^{2}繁殖田可栽植大田2 001～2 668米^2。

3. 有性繁殖 9月上旬至9月下旬分期播种，可采用旱地育苗或半水秧田育苗。旱地育苗，选土壤肥沃并有适当遮阴的菜地作苗田，耕耙，整平，作成宽1.2米的畦，先灌透水，待水分充分渗透后播种。因种子小，须混拌1～2倍细沙土撒播，一般60米^{2}苗床播种100克，可供1 000～1 333米^{2}大田用苗；播后撒盖混有干牛粪末的过筛细土一薄层，然后覆盖遮阳网，每天喷水2次以保持土壤湿润，出苗后立即揭除遮阳网，15天后人工拔除杂草。半水秧田育苗应选地势较低、排灌两便、土质疏松肥沃、含有机质1.5%以上的水田，翻耕后作成1.3米宽的育秧畦和35厘米宽的畦沟，畦面整平，潮湿但不藏水，畦沟始终有水浸润。播种后撒盖一薄层干牛粪末，待苗高4～5厘米时，灌水保持畦面水层1～2厘米，其后随幼苗生长，水层逐渐加深到3～5厘米。齐苗后浇施5%～10%腐熟人粪尿一次。出苗后30天左右，苗高达12～15厘米时，即可移栽大田。

三、大田准备

选用排灌方便、土质疏松肥沃、有机质丰富、保水保肥力强的黏壤土或壤土低洼地，每667米^{2}施腐熟人粪尿3 000千克或腐熟厩肥5 000千克作基肥，翻耕耙平，除尽杂草，保持1～2厘米浅水即可。

四、大田定植

长江流域多在10月中旬栽植。栽植时选取健壮的秧苗，一般要求茎较粗，节间较短，绿叶完整的植株，定植时应注意阳面朝上，将茎基两节连同根系斜插入泥，以利成活。行距15厘米，穴距10厘米，3～4株苗丛植一穴，每隔20～30行空出30～40厘米作为田间的操作沟，便于管理。

五、肥水管理

栽后初期田间保持一薄层浅水。成活后，随着植株的生长，至生长盛期水层增至3～4厘米，但不宜超过5厘米，以防锈根。若天气晴暖，气温超过25℃时，于下午灌凉水，早晨排除，保持较低水温，以免烫伤植株。冬春气温降至15℃以下时，应保持3厘米水层，保温防寒，同时降雨前后注意排水。

豆瓣菜每采收一次，应及时追肥。每667米^{2}施用腐熟粪肥1 200千克，对水5倍稀释后浇施，晴天偏稀，阴天偏浓，也可用15千克尿素稀释成0.5%肥液浇施，应注意尿素与粪肥或其他有机速效肥交替使用。长江流域为使豆瓣菜连续多次供应，应在11月中旬搭盖塑料小拱棚。晴天中午揭膜通风2～3小时，以利降温降湿。

六、病虫害防治

1. 菌核病 前期清园，清除所有病残体，深耕畦土，将菌核埋入30厘米以下深处，同时撒生石灰进行土壤消毒。发病时用50%多菌灵可湿性粉剂1 000倍液或70%甲基托布津可湿性粉剂700倍液喷雾（二者不可交替使用），安全间隔期14天。

2. 蚜虫 清洁田园，育苗期苗地用银灰色塑料薄膜条拉成网格，可以避蚜，也可用黄色板诱蚜。也可用灌水淹虫法，即早、晚短时间灌入深水，漫过全田植株，淹杀害虫。药剂防治选用10%吡虫啉可湿性粉剂4 000～5 000倍液或20%氰戊菊酯（速灭杀丁）2 000～4 000倍液等喷雾防治，安全间隔期15天。

3. 小菜蛾 避免与十字花科蔬菜连作。铲除杂草，清洁田园，

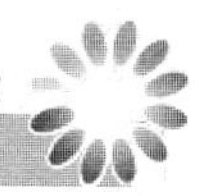

减少产卵场所，消灭越夏虫口，或用黑光灯或性诱剂诱杀成虫。药剂防治可选用10%氯氰菊酯乳油3 000～5 000倍液喷雾一次，安全间隔期10天；或用25%杀虫双乳油500倍液喷雾一次，安全间隔期20天；或用5%抑太保乳油2 000倍液喷雾一次，安全间隔期10天。

4. 黄条跳甲 保持田间清洁，控制越冬基数，压低越冬虫量；选用无虫苗，避免把虫源带入大田。药剂防治可选用2.5%溴氰菊酯乳油2 000～3 000倍液喷雾一次，安全间隔期10天；或用20%速灭杀丁乳油2 000～3 000倍液喷雾一次，安全间隔期15天。

七、采收

株高25～30厘米时开始采收，定植后大约需30天左右。采收方法有两种：一是逐株采摘嫩梢，捆扎成束。另一种是隔畦成片齐泥收割，收一畦，留一畦，收后洗清污泥，除去残根黄叶，逐把理齐捆扎。同时，将残根老叶踏入泥中，浇一次粪水，将邻畦未收割的植株拔起，分苗重新栽植。全年可采收4次，每次每667米^{2}采收800～1 000千克，全年每667米^{2}产量3 000～4 000千克。

八、留种

1. 种苗留种 无性繁殖品种均需种苗留种，一般于4月上旬至4月下旬在专门的留种田内或纯度较高的大田内，选留生长健壮、无病虫危害、符合所栽品种特征的植株作为种株，移栽它田。所选田块要求水源充足，排灌便利，通风凉爽，旁边有大树遮阴，或采用平棚，覆盖黑色遮阳网。平棚高1.0厘米，宽1.2～1.5厘米。栽前及时做好耕耙工作，栽植行距15～20厘米，穴距12厘米，每穴2～3株，每栽20行空出35厘米作为田间操作小道。留种期间要控制肥、水，抑制生长，提高抗逆能力。如遇高温闷热天气，要每天早、晚各淋浇一次凉水降温，特别是暴雨乍晴，更要及时淋浇凉水。此外，要注意防治虫害。

2. 种子留种 有性繁殖品种多采用种子留种。长江流域于3月上中旬在专用留种田或纯度较高的大田内选留生长健壮、无病虫危害、符合所栽品种特征特性的植株作为种株，移栽它田，栽植行距15厘米，穴距10厘米，每穴3株。同时，采用500米空间隔离或花期覆盖网纱隔离。一般3月下旬开花，4月结荚，5月上旬荚果陆续成熟，在蕾期和结荚期每667米^{2}施用尿素15千克，叶面喷施0.2%磷酸二氢钾2～3次，以促进种子饱满，并继续防治虫害。种子采收宜在种荚发黄、种子已变黄褐色时剪取，并应于阴天或早、晚进行，以防种荚开裂，散失种子，每次采收间隔2～3天，分3～4次采完。采收后的种子不能在烈日下暴晒，应放在早、晚不太强烈的阳光下晒1～2天。晒干后的种子揉搓脱离，除去杂质，用布袋包装，置于通风透气、阴凉、干燥处收藏。每667米^{2}留种地可收获种子12～15千克。

（执笔人：李双梅，朱红莲）

第十章

莼菜安全生产技术

莼菜，睡莲科莼菜属多年生宿根水生草本植物。传统产区以太湖流域和西湖流域为主，但目前以湖北利川市、重庆石柱、四川雷波等地为主。莼菜为第三纪植物区系的残遗珍稀植物，是国家一级重点保护野生植物。

莼菜的产品器官为生长在水中的附有透明胶质的新芽、卷叶。据测定，每100克鲜莼菜中含蛋白质0.745克、总糖0.29克、铁0.47毫克，还含有植物中少见的维生素B_{12}以及18种氨基酸，其中8种为人体所必需，以谷氨酸、天门冬氨酸和亮氨酸含量尤为丰富。莼菜还有很高的药用价值，性甘、寒、无毒，具清热、利水、消肿解毒效果。

第一节　生物学特性

一、植物学特征

莼菜形态特征见10-1。

1. 根　须根，着生在根状茎、茎节基部两侧，簇生，一般50余根，最多可达100余根。幼根白色，老根紫黑色，长15厘米左右。主要分布在10～15厘米以内的土层中。水中茎基部节上也会长出不定根。

2. 茎　分水中茎和根状茎两种。水中茎绿色，横切面椭圆形，有发达的通气组织，节间长5～10厘米，粗0.3～0.48厘米，一般

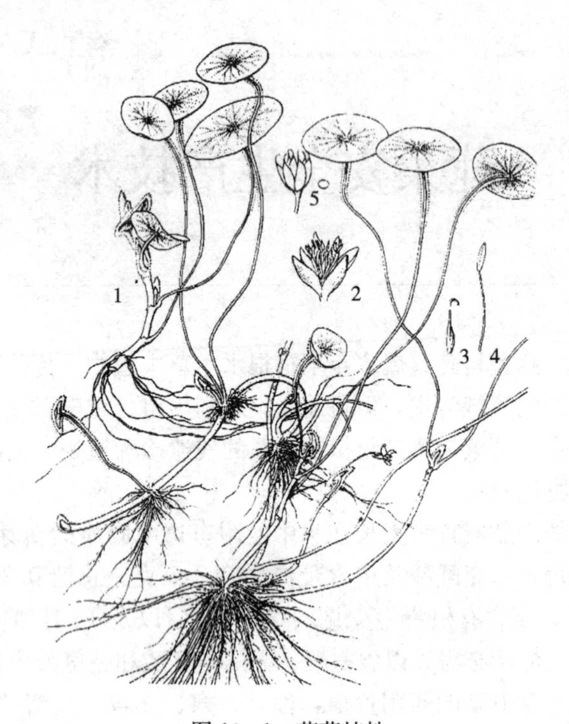

图 10-1　莼菜植株

1. 嫩梢　2. 花　3. 雌蕊　4. 雄蕊　5. 果实和种子

在靠近根状茎的几节易生须根。根状茎黄白色或具铁锈，每节有须根，横走土中，长 100 厘米以上，节间长 10～25 厘米，粗 0.5～1.0 厘米，每节生有叶片，叶腋中发生节间短缩的水中茎。水中茎可再分枝 1～3 个，分枝还能发生二次分枝，分枝的嫩梢有透明的胶质包裹，为食用部分。11 月份，水中茎顶端形成短缩茎休眠芽，绿色或淡红色。环境适宜时休眠芽入泥，萌发长出新根和叶，形成新的植株。冬季，叶片及部分水中茎死亡，以根状茎和部分留存的水中茎及休眠芽越冬。

3. 叶　互生，初生叶片卷曲，有胶质包裹，叶展平后，盾状着生，椭圆形，全缘，浮水。成熟叶片长 6.0～9.5 厘米，宽4.3～6.2 厘米，叶正面绿色光滑，叶背面浅绿色或外缘和叶脉浅红，或全部暗红色。叶脉从中心向外呈放射状排列，12～16 条。叶柄细长，长 25～40 厘米，一般与水层深浅有关，深水中可达 100 厘米。

4. 花 完全花，萼片、花瓣各 3 枚，花瓣有时为假 4 片或假 5 片。叶片长 13～15 厘米，宽 5～6 厘米，花瓣长 13～16 毫米，宽 3～4 毫米。萼片绿色或上部淡红色，下部绿色，花瓣淡绿色或暗红色。雄蕊 16～36 枚，离生，深红或鲜红色。花丝长 6～8 毫米，花药高于柱头。心皮 4～18，柱头微红或淡黄色，离生。子房上位，花朵出水开放，风媒，授粉后花梗向下弯曲入水。花萼、花瓣、柱头宿存。一般从早上 6 时左右开始开放，到下午 15 时左右花冠闭合，次日继续开放，单花花期 3～4 天。

5. 果实、种子 果实革质，长卵形或纺锤形，不开裂，有1～2 枚种子。种子椭圆形，淡黄色或褐色，种径 3 毫米左右。

二、生长发育过程

莼菜进行无性繁殖，生育期 200～230 天。大致可分为萌芽期、开花结实期、旺盛生长期、缓慢生长期和休眠期 5 个阶段。

1. 萌芽期 长江中下游地区 3 月下旬越冬根状茎、水中茎和休眠芽开始萌动，长出新芽。休眠芽首先萌发，主茎上的顶芽次之，然后侧芽枝上的芽相继萌发，一面向前伸长，一面在水中抽生小叶，同时根状茎各节向土中发生须根，深入土中吸收养分。

2. 开花结实期 随着新梢的萌发，上部花芽分化发育成深红色花蕾，花蕾上有茸毛并披裹胶质。以后花梗伸长，花蕾长大可达黄豆大小。5 月上中旬花蕾出水，5 月下旬进入盛花期，7 月下旬或 8 月初开花结束。一般从 6 月开始花量显著减少，9 月以后气候转凉，营养生长和生殖生长同时进行。

3. 旺盛生长期 4 月中旬至 7 月中旬气温 20～25℃，莼菜生长最旺盛。随着新梢的生长，叶腋间不断抽生新芽，部分芽伸入土中形成地下茎，部分芽向上生长形成水中茎。水中茎又长出大量新芽，不断形成水中茎，叶片数量增多。这一时期产量高、质量好、胶质多，是产品形成的主要时期。

4. 缓慢生长期　7月下旬当平均温度达到35℃以上时，莼菜生长缓慢，采收时量少，胶质少，产品质量不好。此时一般少采收或不采收。9月下旬气温逐渐下降，较适合莼菜生长，产量又可略回升，称为“秋莼”。

5. 休眠期　当气温下降到15℃以下时，植株生长逐渐停止，同化产物向茎中贮存，并在根状茎和水中茎的顶端形成粗壮的休眠芽。霜降以后水面叶片枯死，部分水中茎也枯死，部分休眠芽可形成离层而脱落，沉浮于水中。

三、对环境条件的要求

1. 温度　莼菜的适宜生长温度为15～30℃，最适温度20～30℃，35℃以上生长缓慢，超过40℃同化能力下降，而呼吸作用加强。15℃以下停止生长，霜后进入休眠。

2. 水分　全年不能断水，对水质的要求较高。水质是莼菜生长及其产品质量的重要制约因素。以含矿物质的活水和无污染的水且pH6.0～7.0为宜，死水、污水容易滋生藻类，造成叶烂病多，胶质减少，产量低，质量差，甚至引起植株死亡。

3. 光照　莼菜是喜光植物，充足的阳光有利于莼菜生长。正常生长的叶面积系数为0.8～1。

4. 土壤肥料　莼菜最适宜在腐殖质丰富、偏酸性至中性的土壤中生长，pH5.5～7.0。莼菜田的土质要求富含有机质，淤泥厚度20～30厘米为佳，尤以围垦活水的低荡田最适宜。莼菜对土壤含磷量要求较高。

第二节　类型与品种

一、类型

莼菜可分为红色品种和绿色品种两大类型。二者的主要区别在于前者的花冠、叶背、嫩梢和卷叶均为暗红色，后者的花冠淡绿色，叶背仅叶缘暗红色，嫩梢和卷叶绿色。生产上红色类型比绿色类型栽培更为普遍。

二、主要品种

1. 太湖莼菜　又称太湖水菜。产于苏州太湖、杭州西湖、萧山湘湖等地。主要分布在东太湖浅水区。太湖莼菜原有红梗和黄梗2个品种，以红梗品种为主。红梗品种叶背、叶柄、嫩梢、花梗、萼片呈深紫红色，根状茎和叶柄较粗，叶片大，长势强，嫩梢卷叶上的胶质多，品质好，是主栽品种。黄梗品种叶背全部为暗红色，嫩梢绿色，花瓣和花萼淡绿色，花柄微红或淡绿色，雄蕊鲜红色，雌蕊淡黄色，柱头微红色。

2. 西湖莼菜　有红花种和绿花种2个品种。红花种叶背暗红色，嫩梢暗红色，花瓣和花萼暗红色，雄蕊深红色，花柄、雌蕊和柱头微红色。长势弱，但品质好。绿花种叶背、叶缘暗红色，嫩梢绿色，花瓣、花萼淡绿色，花柄微红或淡绿色，雄蕊鲜红色，雌蕊淡黄色，柱头微红色。

3. 利川莼菜　主产于湖北利川市福宝山。叶面深绿，叶背鲜红，纵向主脉淡绿色，并伴有绿晕。叶大，长8.7厘米，宽6.1厘米。卷叶绿色，花被粉红，长势强，胶质厚，品质优良。

4. 富阳莼菜　浙江富阳县地方品种。绿色种。叶背、叶柄、花梗淡紫红色，花冠淡绿色，花萼绿色，嫩梢卷叶绿色。茎叶细小，长势弱。

5. 苏州绿叶莼菜　产于苏州市郊横塘乡。叶正面绿色，背面边缘紫红色，愈向叶中心红色愈淡，至叶中心时全呈淡绿色。卷叶绿色，植株长势强，生长快，产量高，质量好。

6. 雷波莼菜　分布于四川雷波县马湖周围。根状茎节间长7.0～10厘米，白色。叶柄长约25厘米，叶片表面光滑，绿色，背面红色，长约10厘米，宽约6厘米，花紫红色。定植至采收约

60天，5月下旬至8月中旬收获，不耐热，抗寒力弱，品质优。当地每667米^{2}产量200～300千克。

第三节　栽培技术

一、产地环境选择

莼菜生长及栽培过程中对水质要求严格，以高海拔地区、冷凉山泉水灌溉栽培的品质为佳，且产量高。

二、种苗准备

生产上，莼菜采用茎蔓和休眠芽扦插进行无性繁殖。栽植前要挖取越冬的地下茎、休眠芽或生长期的水中茎进行扦插。地下匍匐茎应选取白色粗壮的茎段，每段不少于2～3个节间。水中茎应选取粗壮老龄、色泽绿、带须根的茎段。剪取腋芽形成的枝条，以留3～4个节间为一个插条单位，不宜过短或过长。要求种茎粗壮，无病虫害。要求随挖、随栽。

三、大田准备

栽植前要精细整地，耕深30厘米，耕耙2～3次。一般667米^{2}施腐熟厩肥2 700～3 500千克或腐熟豆饼、菜籽饼200～250千克，施后耕翻入土，放浅水耥平。要求水深20～60厘米，pH5.6～6.5为佳。

四、定植

定植方法有条播和穴播两种。条播按行距0.5～1米，单根或双根顺长排列，每667米^{2}用种量100～200千克。穴播，插栽时有斜插和平插两种，栽前要把池水放浅，斜插是把种茎基部插入泥中，上部露出泥面1节以上。莼菜扦插除炎热的夏季和寒冷的冬季外，都可种植，最好选在清明前7天内扦插为宜，从种到开始采收约需50～70天。莼菜扦插一般株行距以0.5米×0.6米为宜。扦插时勿损伤叶片、嫩梢或腋芽。

五、大田管理

1. 施肥 莼菜施肥分冬肥、春肥和追肥。冬肥在莼菜叶片枯萎和水中杂草死后，以施用菜饼为宜，每667米^{2}施用腐熟菜饼粉150～200千克，干施或用水拌湿后抛入池中。春肥在莼菜发芽前2月、3月份各施一次，每次可用腐熟饼肥150千克。生长期间如叶黄、叶小、芽细、胶质少，要补充养分，根据水的深浅，每667米^{2}施用尿素4～8千克。

2. 水层 萌芽期水层20～25厘米，扦插后30天内不换水。旺盛生长期水层30～40厘米，最高不超过1米，并保持水体流动或15～30天换水一次，以保持水体清洁。入冬以后仍应保持水层50～60厘米。注意水位涨落幅度在10厘米以内为宜。

六、病虫杂草防治

1. 叶腐病和腐败病（枯萎病） 可用25%多菌灵500倍液或1∶1∶200～250波尔多液喷雾一次，安全间隔期7天。

2. 莼菜卷叶螟 用80%敌敌畏乳油1 200倍液，加40%乐果乳油1 500倍液喷雾一次，安全间隔期15天。

3. 椎实螺、扁螺、食根金花虫 每667米^{2}撒施茶籽饼5～10千克毒杀。

4. 菱叶甲 冬前铲除莼塘周围杂草，压低越冬成虫基数。发生初期用25%杀虫双500倍液或90%敌百虫800倍液喷洒。

5. 杂草 一般在栽植后半个月开始人工除草，每月一次，直到莼菜长满水面为止。水绵可人工捞除，也可用硫酸铜 300 克，加水 12.5 千克配成波尔多液喷雾。

七、采收

应采摘刚生长出的嫩芽，芽叶未展开，保持芽叶完整、新鲜、匀净，不夹带老叶，有黑节和有污染的莼菜不应采摘。莼菜临时保鲜贮藏时间不宜超过 24 小时，长期贮藏必须进行专业加工保鲜。

八、留种

栽植 3～4 年后，莼菜田间植株拥挤，地下茎错综盘结，生长势减弱，逐渐衰败，影响产量。一般可采取隔行拔除一部分或者全田拔除清塘，选粗壮无病虫害种茎重新栽植。

利用休眠芽繁殖时具有生长势强、产量高的优点，可以起到复壮的作用。

（执笔人：刘玉平，董红霞）

第十一章

芡实安全生产技术

芡实，别名鸡头米、鸡头。我国主产区在长江中下游鄱阳湖、太湖等浅水沼泽地区，以江苏、浙江、安徽、湖南、广东等省栽培面积大。

芡实的种子是主要的食用部分。每100克鲜品中含碳水化合物31.1克，蛋白质4.4克，脂肪0.2克，粗纤维0.4克，灰分0.5克，钙9毫克，磷110毫克，铁0.4毫克，硫胺素0.4毫克，核黄素0.08毫克，尼克酸2.5毫克，抗坏血酸6毫克和少量胡萝卜素等。芡实不仅营养丰富，而且具有很高的药用价值。芡实性味甘涩、平，有补中益气，健脾强精、收敛镇静作用。另外，芡实叶柄、花梗亦为重要的时令蔬菜，颇受市场欢迎。

第一节　生物学特性

一、植物学特征

芡实形态特征见11－1。

1. 根　须根，白色，着生于短缩茎上，内有通气孔，与茎、叶、花（果）梗相通，根长可达100～150厘米，深入土中。

2. 茎　短缩茎，紫红色，球形，组织疏松呈海绵状。短缩茎向下生根，向上环茎萌生叶、花梗，茎的中部组织较结实，近叶柄、花梗处有小孔，与根、叶、果的气道相通。

3. 叶　形状大小随生育进程变化。分初生叶、过渡叶和定型

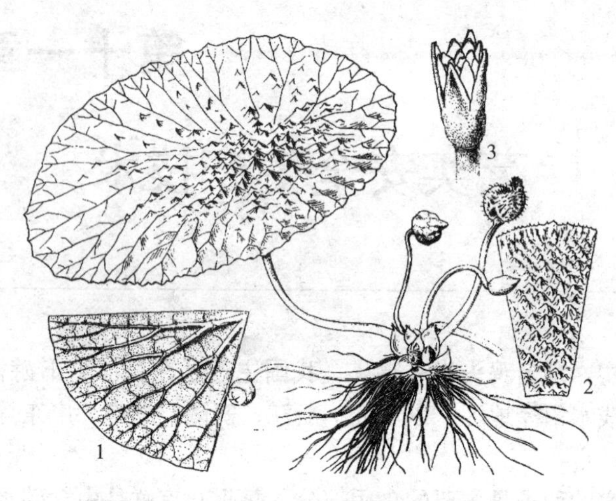

图 11-1 芡实植株

1. 叶背面 2. 叶正面 3. 花

叶3种。初生叶4枚，第一片初生叶由种子发生，线形，无叶片与叶柄之分；第二片初生叶戟形，顶端长而尖，出现侧脉；第三片初生叶箭形，顶端较短，叶柄长5厘米，侧脉增多；第四片初生叶前端箭形，叶基宽。第一至四片初生叶沉水，绿色无刺。过渡叶6～9枚，浮生，叶面由开裂盾形过渡到圆形，面积增大，从无刺到微有小刺。定型叶又称成龄叶，约10多枚，浮生，圆形，叶面叶脉凹陷，深绿色。叶背叶脉突起，上生刚刺。叶径1.0～1.5米，大者2.9米。叶柄长1～2米，粗3～4厘米，内有气道。先期抽生的叶片一般先枯死，植株上通常保持4～5枚大叶。

4. 花 螺旋状着生于根茎上，两性，单生，先后共生花20朵左右，花冠3～6轮，花瓣紫色、白色或红色，每轮4枚。雄蕊多数，3～5轮着生，拱盖于雌蕊之上。雌蕊由7～19个心皮合生而成。花径5～6厘米，高8～10厘米。花托卵珠形，灰褐色，有小白茸毛，无刺。

5. 果实 花托与子房壁愈合，形成外部为花托包被的假果。果实无刺或有刺，花萼宿存。单果种子数因品种而异，多者100～200粒。种子近圆球形、椭球形或不规则形，富含淀粉。种子外有

1层假种皮，较厚，囊状，气腔发达，可使种子漂浮水面。假种皮破坏后，种子沉水。

二、生长发育过程

1. 发芽期 从种子萌发开始，到胚根、子叶叶柄萌发、伸长露出种孔为止。约经5～10天，一般为3月下旬至4月上旬。

2. 种苗期（初生叶发生期） 从发芽后开始，到出现4片初生叶为止。一般从4月中下旬到5月上中旬，历经15～20天。

3. 幼苗期（过渡叶发生期） 从第五片叶抽生到长出圆盾状定型叶为止。一般为5月上中旬到6月上旬，历经20～30天。

4. 营养生长盛期 从植株长出第一片圆盾状定型叶到初显花蕾为止。一般为6月上旬至7月中下旬，历经40天左右。

5. 开花结实期 自第一朵花蕾出现到停止开花结果为止。一般从7月下旬至10月上旬，历经80～90天。紫花南芡从开花到果实成熟约需27～35天。紫花南芡一年可形成20多个花蕾，但正常开花结实者仅10余个。单株花期约90天。长江流域7月中下旬始花，8～9月份盛花，9月底至10月上旬终花。但9月中下旬以后开的花，种子不能成熟。花蕾出水后1～2天开放，自花或异花授粉，单朵花期一般2天。少数花朵不出水，水下闭花传粉受精。人工授粉或放蜂传粉可提高结实率。

6. 衰老期 从开花结果结束，到叶片老黄、腐烂，植株死亡为止。一般从10月上旬至11月上旬，约经30天。

三、对环境条件的要求

1. 温度 15℃以上种子发芽，20～30℃最适于营养生长和开花结果，耐35℃左右高温，低于15℃基本停止生长，种子休眠期能耐1～5℃低温。

2. 水分 整个生长发育过程均需充足水分，栽培上不同时期要求水层不同。发芽期3～6厘米，种苗期10～20厘米，幼苗期30～40厘米，营养生长旺盛期由30～40厘米渐增至80～100厘米，开花结果期稳定在80厘米左右。种子顽拗型，需浸较深水中保存越冬。

3. 土壤营养 要求土层深厚、肥沃，富含有机质，氮、磷、钾并重，开花结实期需较多磷、钾。

4. 光照 要求光照充足，不耐阴。短日照植物，日照由长转短时有利于开花结实。栽培品种对日照长短已不甚敏感。

第二节 类型与品种

一、类型

在植物分类学上，芡实为一个种。园艺学上主要依据果实性状分为有刺果类型和无刺果类型。有刺果类型又叫刺芡或北芡，多为野生或半野生状态，栽培量少。植株地上器官均密生刚刺，茎叶、果实、种子均较细小，一般每667米^{2}产干芡米20千克。外种皮薄，每100千克干壳芡可制干芡米40～50千克。无刺果类型又称苏芡或南芡，栽培类型。这一类型除叶背具刺外，其他器官均无刺，植株个体较大，外种皮厚。

二、主要品种

1. 紫花南芡 早熟，8月下旬始收，10月上旬终收。除叶背有刺外，其他部分光滑无刺，定型叶直径1.5～2.5米。每株结果18～20个，果实圆球形，单果重0.5～0.8千克，种子圆形，直径1～1.3厘米，百粒重约170克。芡米糯性，肉色略带淡黄色，品质好。每667米^{2}产干芡米30千克。

2. 白花南芡 晚熟，9月上旬始收，10月下旬终收。花瓣白色，外形与紫花南芡相似。定型叶直径2.0～2.9米。每株结果20

个左右，果实长圆形，单果重 0.5～1.0 千克，果内有种子 200 粒左右，种子直径 1.2～1.4 厘米，百粒重约 200 克。每 667 米^2 产干芡米 35 千克。

3. 鄂州芡实 北芡，湖北野生资源。长势强健，适应深水。叶片、叶柄、花梗及果实上均密生刚刺，叶径 80～100 厘米，叶柄长 1.0～1.5 米，粗 1.5～2.0 厘米。花浅紫色，种子近圆球形，黄褐色。一般每 667 米^2 产干芡米 20 千克，芡米粳性。叶柄肉色为绿色，而一般芡实为红色，属特异芡实资源。鄂州芡实可作为梗用芡实，每 667 米^2 可收叶柄和花梗 1 500 千克左右。

第三节 栽培技术

一、茬口安排

芡实生长于浅水湖田，可与其他水生作物轮作，由于其收获季节在 10 月份，冬季安排后茬较困难，故土地利用率低。常用轮作模式为小麦芡实水旱轮作，在芡实生产结束时及时放水，一旦田间墒情适合，就立即播种小麦，翌年小麦收割后定植芡实。

二、种苗准备

1. 催芽 长江流域早熟品种紫花南芡于 3 月上中旬、晚熟品种白花南芡于 4 月上中旬催芽。取出贮藏越冬的种子，漂洗干净，置浅盆中，清水浸泡。水层以浸没种子为度，经常换水。保持昼温 20～25℃，夜温 15℃以上。10 天左右，大部分种子发芽（露白）后便可播种。

2. 播种育苗与假植 播种苗床要求地面平整，无杂草，且避风向阳。将已催芽的种子均匀撒播，每平方米 300 粒。灌水 10 厘米，随芡苗生长逐渐加深至 15 厘米。重点防止浮萍滋生。

播种后 30～40 天，幼苗具 2～3 枚箭形叶时，移苗假植。假植苗床要求平整、肥沃、无杂草，瘦田可施适量基肥。从播种苗床将幼苗带子掘起，轻洗附泥，小心分理，顺齐根系。假植行、株距均为50～60厘米，深度以种子、根系及发芽根入泥为度，切勿埋没心叶。初期保水15厘米，后逐渐加深至40～50厘米。此期亦要注意防止浮萍等杂草为害。

三、大田土壤准备

栽培地块应水源丰富，排灌便利，且土壤保水能力较强。选水位平稳、流速小、肥土层厚达20厘米以上、土壤含有机质1.5%以上的微酸性或中性土壤，氮、磷、钾三元素并重，水深易于控制的田块。深耕2～3次，耙平。定植前开挖锅底形定植穴，直径130厘米，深15～20厘米，同时清除穴内外杂草。667米^{2}均匀穴施50千克腐熟饼肥。

四、大田定植（或直播）

定植时间5～6月份，最晚至7月上旬。芡苗圆盾状定型叶直径25～30厘米时即可定植。从假植苗床起苗时，尽量少伤根、叶，勿使泥污叶片，顺齐摆放，并保湿、遮阴防晒。定植行距2.0～2.5米，株距2.0米，每667米^{2}130～170株，一般145株左右。边行行距1米。相邻行间定植穴交叉相对，定植深15～20厘米。

也可不育苗而直播，在平均气温10℃以上时播种，穴播或撒播，穴播者每穴3～4粒。每667米^{2}用种量1.5～2.0千克。日常管理与育苗移栽者相似。

五、大田管理

1. 水层管理　定植后10天内水层30厘米，之后逐渐加深至40～50厘米，至旺盛生长后期和开花结果初期加深至80～100厘米。若遇涨水，应控制在1.2米以下。开花结果后期水层降至50～70厘米。

2. 补苗、除草、培土、追肥 定植后7～10天查苗，补齐缺株，之后，除草、培土3～4次。视长势每667米^{2}追施50～100千克腐熟粪肥、10千克尿素、10千克过磷酸钙和10千克氯化钾或硫酸钾肥，以株为单位施于新叶下。开花结果期于晴天傍晚叶面喷施0.2%磷酸二氢钾和0.1%硼酸混合液，共2～3次。

六、病虫害防治

1. 炭疽病 发病初期叶面喷施70%甲基托布津800～1 000倍液。

2. 芡实斑腐病和叶瘤病 合理轮作，不偏施氮肥，发病初期叶面喷施25%多菌灵400～500倍液。对较重的病叶及时清除，以防蔓延。

3. 莲缢管蚜 用40%乐果乳油1 000～1 200倍液喷雾一次，安全间隔期15天；也可用50%抗蚜威可湿性粉剂1 000～2 000倍液喷雾一次，安全间隔期7天。

4. 椎实螺 随时人工捕杀，或10千克水中加100克敌敌畏、70%乐果，隔3天喷一次，连续3次；也可每667米^{2}用螺杀0.5～1千克拌成毒土或茶籽饼5～10千克，撒施水中毒杀。

七、采收

芡实可分一次性采收和多次采收2种。

野芡果柄、果实均有刺，采收不便，一般一次性采收。长江中、下游地区多在9月下旬，华南地区可延至10月上旬，即当地日平均气温降到20℃以下时采收。已有少数早结的果实自然成熟爆裂，散出种子，漂浮水面，且多数果实果皮发红，则表示已到采收适期，可立即采收。

栽培芡均进行多次采收，一般在开花后35～55天采收。气温高、水浅时，35天左右即可采收；气温低，水深时，55天左右采收。成熟标志为果梗发软，果皮发红，光滑无腺毛，无或极少黏液，果形饱满并已发软。也可从果实顶部剥出1粒种子检视，如假种皮肥厚、有红斑，外种皮呈橙黄到棕黄色，则为成熟适度。早熟种从8月下旬，晚熟种在9月上旬开始采收，隔4～7天采收一次，7～10次采收完毕。一般第一次和第二次采收间隔7天，第二次和第三次采收间隔6天，第三次采收后隔5天，以后每次间隔4天，每次每株采收1～3只果实。芡实每株共有果实18～20只，其中80%左右的果实可完全成熟，每667米^{2}可收干芡米20～25千克。采收时，先在每隔2行之间划出一条条走道，即用竹刀将发黄老叶边缘划破，不伤大的叶脉，使水面上出现一条条小的通道，然后沿走道向左右两边水面上下查找适度成熟的芡果。

八、梗用芡实栽培

梗用芡实栽培是指主要以收获芡实叶柄和花梗（统称芡实梗）。芡实的嫩叶柄、花梗炒食口感清脆、风味独特，是非常受消费者欢迎的时鲜蔬菜，在全国大部分芡实产区都有食用芡实梗的传统习惯，故梗用芡实有很大的发展空间和市场潜力。

梗用芡实品种选择以刺芡为主，因刺芡的嫩叶柄、花梗的口感较好，且生长适应性强。梗用芡实多利用池塘、河湾、湖泊等水域大面积种植，管理比较粗放。一般在春季当地平均气温10℃以上时播种，长江流域常在4月上旬条播或点播。直播水面应预先对水下土面略加平整，播种时水层多在50厘米以下，划小船或木盆进行条播，行距2.5米，落籽距0.5～1米。如水层在30厘米以下，也可进行点播。每667米^{2}至少种植200株以上。田间管理与病虫害防治同南芡育苗移栽者相似，只是管理水层相对较深，要求稳定在1～1.5米。梗用芡实采收从6月中旬开始，一般是整株采收，每667米^{2}可收获叶柄和花梗1 500千克左右。

九、留种

芡实选种分株选和粒选。株选一般在第三至第四次采收时进行，入选种株要求符合所栽品种特征，具有大叶2～3张，小叶1～2张，早熟品种大叶直径2米以上，晚熟品种2.5米以上，小叶直径在1米以上。叶面青绿色，小叶光滑，每株有果实15～20个。果实大而饱满，每株选育1个果实。其成熟度应比一般采收成熟度稍高。如尚未达到充分成熟，可在果上剪去部分萼片作标记，到下次采收时再行采果留种。果实采摘后即行剥开，取出种子，除掉假种皮，淘汰未充分成熟的浅色和不饱满种子，留下充分成熟的种子，淘洗干净，装入蒲包或塑料编织袋中，每包装入10千克。放在深1～2米的流水河沟中保存过冬，也可埋入水下深30～40厘米的淤泥水田中保存，要防止种子受干、受冻和鼠害。

十、芡实加工

1. 去果皮　苏芡果实无刺，去皮比较方便，可用手剥开果皮或用刀剖开果实，从中取出种子。刺芡果实有刺，去皮比较困难。一般用两种方法去皮：一是挤压法，即用小刀从果实基部插入，置于木凳上，上放小木板，用脚踩紧，用小刀撬开果实基部，即将种子挤出。此法比较费工，但所得种子质量较好。另一为沤洗法，即将采收的果实堆放在水泥池或土坑内，堆至80厘米左右盖上稻草，浇水沤闷，每隔5天左右翻动一次，10多天后，果皮沤烂，即可分批装入箩筐内，用清水淘洗干净。

2. 踏子　将脱粒的种子移放木盆或木桶内，双脚穿胶鞋不停踩踏，使包在种子外面的一层薄膜即假种皮破碎脱去，再行装入箩筐中冲洗干净，然后置阳光下摊晒，至充分干燥为止，每100千克湿种子晒成干种子，苏芡约为50～55千克，刺芡约为60～65千克。

3. 去种皮 对充分晒干或烘干的种子要再除去种皮，通称脱壳。这时种皮已很坚硬，必须用芡剪剪开脱壳；或采用脱壳机脱壳。脱壳后的干种仁通称干芡米，每100千克干种子可获干芡米量分别为苏芡36～40千克、刺芡45～50千克。

（执笔人：朱红莲，王芸）

第十二章

蒲菜安全生产技术

蒲菜，别名香蒲、蒲草、甘蒲、蒲笋、蒲儿菜、草芽。属香蒲科水生宿根草本植物。蒲菜在世界各国几乎都有分布，只有我国作蔬菜栽培，已有近 3 000 年的历史。目前，主产区在云南建水、元谋，江苏淮安及山东济南等地。

蒲菜的食用部分一是由叶鞘相互抱合而成的假茎，二是地下根状茎先端的嫩芽，三是花茎。蒲菜这三部分都具有洁白柔嫩、清香爽口，可炒食、烩制和做汤的特点，是一种风味别致的名贵特产蔬菜。据测定，每百克可食部分含蛋白质 1.2 克，脂肪 0.1 克，磷水化合物 1.5 克，粗纤维 0.9 克，钙 53 毫克，磷 24 毫克，铁 0.2 毫克，胡萝卜素 0.01 毫克，维生素 C 6 毫克。除以上三种器官可食用外，地下较老的根状茎，俗称老牛筋，除去外皮后取心煮食或用甜面酱腌制成酱蒲菜。

蒲菜的老茎叶是造纸和人造棉的原料，又是编制蒲席和蒲包的原料。果实上的冠毛通称蒲绒，柔软保暖，可制蒲鞋、垫褥、填充枕心等。蒲菜可止咳、除臭、治牙痛。雄花的花粉通称蒲黄，有治心腹膀胱寒热、利尿、止血、收缩子宫之功效，久服可轻身、延年、益气，还可制成花粉食品，如加蜜糖能作成蒲黄糕。蒲笋可除烦热、利尿。

第一节　生物学特性

一、植物学特征

蒲菜形态特征见图 12 - 1。

1. 根 须根，环绕短缩茎基部向四周地下生长，长 15～60 厘米，为数甚多，新根白色，老根黄褐色。另外，在地下根状茎的节上也常发生少量须根。

2. 茎 有短缩茎、根状茎和花茎 3 种，短缩茎为每一单株的主茎，在短缩茎密集的节位上抽生叶片，其叶鞘相互抱合形成假茎。从短缩茎基部的叶腋中抽生根状茎，在土中水平生长，长达 30～60 厘米，白色，有节，节上有鳞片，其顶芽向上生成短缩茎并从茎上生叶发根形成新株，称为分株。短缩茎中心顶芽抽生花茎，高 1.6～2.5 米，因品种和环境条件不同而异，在其先端着生花序。

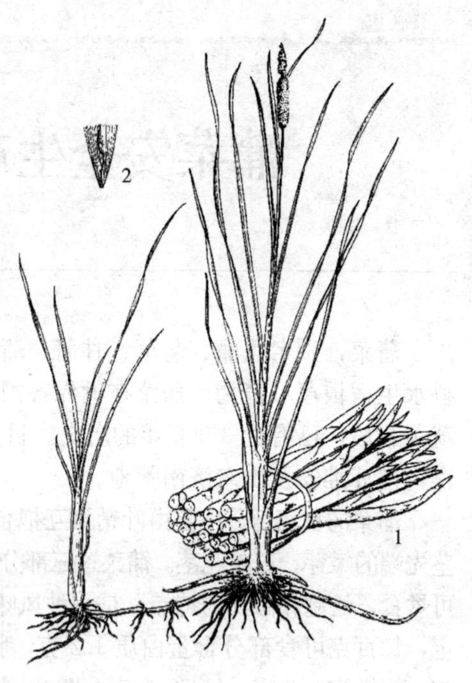

图 12-1 宽叶香蒲植株
1. 食用部分 2. 雌花

3. 叶 叶片细长，扁平披针形，深绿色，质轻而柔韧，长 100～160 厘米，宽 1.2～1.5 厘米，光滑无毛，叶背面中部以下逐渐隆起，横切面近弯月形，细胞间隙较大，呈海绵状。叶鞘抱茎，长 40～80 厘米，相互抱合形成假茎，外表淡绿色，有些品种带紫红色，在水中部分白色。单株具叶 8～13 片，因品种和栽培条件而异。叶对生。

4. 花 花序着生于花茎先端，雌、雄花序相连或分离，为圆筒状肉穗花序，雄花序在上，雌花序在下，形如棍棒，呈灰褐色。雄花序长约 3.5～12 厘米，具叶状苞片 1～3 枚，花后脱落。雄花通常由 2 枚雄蕊组成，花药长约 3 毫米，花丝短于花药。雌花序长约5～22.6厘米，花后发育，雌花无小苞片，不孕雌花子房倒圆锥形，长约0.6～1.2毫米，孕性雌花柱头披针形，长1.0～1.2毫米。

5. 果、种子 小坚果，披针形，长1.0～1.2毫米，褐色，果皮通常无斑点，内含细小种子，褐色，椭圆形，长不足1.0毫米。

二、生长发育周期

蒲菜生长发育周期一般在200天以上，可分为萌芽期、旺盛生长期、缓慢生长期、越冬休眠期4个阶段。

1. 萌芽期 当春季气温回升到10℃以上，短缩茎和匍匐茎上的越冬休眠芽萌发生长形成新株，到新株长出第一对叶片时为止。此阶段萌芽生长主要消耗上年老株贮藏的养分，要求水层较浅，以利土温升高，促进贮藏养分转化，尽早形成新株。萌芽的同时，自各分蘖及匍匐茎顶端处向下生长须根。

2. 旺盛生长期 从新株长出第一对叶片开始，其间植株生长加快，到秋季天气转凉，生长明显减慢为止。本阶段气温升至20℃以上，新株已建成较完整的同化系统，迅速成长，同时从其短缩茎的叶腋中陆续向左右两侧土中水平抽生根状茎，各根状茎的顶芽又先后转向地上部萌生分株。一次分株成长以后，又可抽生根状茎，萌生二次分株。整个生育期内可萌生2～3次分株，具体分株数因品种和栽培条件而异。在此阶段的后期，部分早期成长的单株，其短缩茎顶芽抽生花序并开花结实，具体抽序开花株数的多少及其占总株数的比例，也因品种和栽培条件而异。

3. 缓慢生长期 从植株生长明显减慢，基本上不再萌生新株开始，到地上部完全停止生长为止。此期气温一般10～20℃，体内养分多向短缩茎和地下根状茎输送和贮存。

4. 越冬休眠期 从植株地上部枯黄开始，到第二年春季短缩茎和地下根状茎开始萌芽为止。此期气温多在10℃以下，植株进入休眠状态。一般在淮河和长江流域，一年四季分明，蒲菜休眠期近5个月左右。在云南产区，由于冬季气温较高，无明显结冻现象，蒲菜休眠阶段相应较短，有些年份甚至无明显休眠阶段。

三、对环境条件的要求

1. 温度 蒲菜性喜高温多湿，适应性强，不论在高纬度或低纬度地区，于沼泽区或江河湖泊边都能生长。生长适温15～30℃，当气温下降到10℃以下时，生长基本停止，地上部枯黄，留下短缩茎和地下根状茎及其上的休眠芽越冬，越冬期间能耐－9℃低温。当气温升高到35℃以上时，植株仍能忍耐，但生长缓慢，产品不能达到洁白肥嫩的品质要求。以蒲菜名优品种建水草芽的产地为例，云南建水县地处亚热带中高原地带，海拔1 300米，年平均气温18.4℃，年大于10℃积温6 249.8℃，绝对最高温度35.1℃，绝对最低温度－2.6℃，年平均有霜日8.6天，冬无严寒，夏无酷热，雨量适中，年降水量828.3毫米，草芽在当地四季均可采收，且产量高，品质优良。

2. 水分 蒲菜为浅水挺水植物，其最适水层20～40厘米，能耐70～80厘米的深水。生长期间需要大量水分，越冬休眠期间只需保持浅水或土壤充分湿润即可。由于不同类型的品种食用器官不同，对水层的要求也有所不同。如建水草芽食用地下根状茎，生长期间只需保持7～10厘米的浅水；大明湖蒲菜食用地上部假茎，要求水层保持30～50厘米，深水有软化假茎的作用，使假茎较为白嫩。

3. 光照 蒲菜喜光，只有在充足的光照条件下才能生长良好。为长日照植物，在长江流域6～7月抽薹开花。

4. 土壤肥料 蒲菜对土壤要求不严，在黏土和沙壤土上均能生长，但以有机质2%以上、淤泥层深厚肥沃的壤土为宜。对土壤养分要求氮、磷、钾三要素并重，对氮素的吸收数量较多，但不宜施速效浓肥。

第二节 类型与品种

一、类型

食用根状茎的蒲菜与食用假茎的蒲菜在植物学性状和生物学特性方面存在很大差异，分属不同的种。食用根状茎的为宽叶香蒲，食用假茎的为水蚀，也称蒲草、水蜡烛、狭叶香蒲等。

1. 宽叶香蒲 食用根状茎，以建水草芽为代表。株高140～180厘米，叶片条形，扁平，长130～140厘米，宽1.2～1.5厘米，光滑无毛。叶背中部凸起不明显，横切面呈新月形。根状茎长20～30厘米，粗0.9～1.3厘米，白嫩。雌、雄花序紧密相连，雌花序长8～12厘米，雄花序长5～10厘米，花序具灰白色弯曲柔毛。叶状苞片1～3枚，上部短小，花后脱落。抽生根状茎的能力很强，长出2～3片叶后即开始抽生根状茎，若采收及时，从幼苗至老化，一株可采收根状茎10～12条，根状茎若不采收，则形成新的分株。宽叶蒲菜在武汉地区4～10月份可采收，12月上中旬植株地上部分枯萎，在云南一年四季可采收。适于浅水（10厘米左右）、淤泥层较厚的田块种植。

2. 水烛 食用假茎，以淮安蒲菜、大明湖蒲菜为代表。植株高大，株高200～250厘米，叶片条形，长150～180厘米，宽0.8～1.2厘米，假茎长40～50厘米。叶上部扁平，中部以后腹面微凹，背面逐渐隆起成凸形，下部横切面呈半圆形。雌、雄花序分离，花序间距5～7厘米，雌花序长10～15厘米，粗1.5～3.0厘米，雄花序有叶状苞片1～3枚，花序生柔毛。产生根状茎能力弱。根状茎粗1.5～2.5厘米，易纤维化而不堪食用。生育期短于宽叶香蒲，在武汉地区采收期5～9月份，10月下旬地上部分即枯萎。在深水（50～90厘米）中生长的蒲菜，其假茎白嫩，商品性好，可食性强。

二、品种

1. 建水草芽 属宽叶香蒲。来源于于云南省建水地区。株高140～180厘米，叶片带形，长100～130厘米，宽1.2～1.5厘米，每片叶腋生1芽，自下而上陆续萌发。雌、雄花序紧密相连，雌花序长8～12厘米，粗1.7～1.9厘米，根状茎长20～25厘米，粗0.9～1.3厘米，中心充实。抽生根状茎能力强。在武汉地区4～10月份可采收。在云南建水一年四季可采收，一般全年可收30～40次，每667米^{2}产草芽1 500～2 000千克。产品洁白肥嫩，鲜甜可口，品质优良，为云南名产。

2. 淮安蒲菜 属水烛。来源于于江苏淮安市。株高200～230厘米，叶扁平披针形，长150～180厘米，宽0.9～1.0厘米，深绿色，假茎长40～50厘米，粗6.0～6.5厘米，色白略带淡绿色，圆柱形，单株一年可抽生2～3次分株，假茎内层叶鞘和心叶洁白、清香、脆嫩，品质优良。5月上旬至9月上旬采收，一般每667米^{2}产量200～300千克。为江苏名产。

3. 淮阳蒲菜 属水烛。来源于于河南淮阳市城郊。株高215～225厘米，叶片长160～170厘米，宽0.7～0.9厘米，假茎长40～45厘米，粗6.0厘米左右。雌花序长10厘米左右，粗2.0厘米左右。雌、雄花序间距4.0～6.0厘米，分株性中等。采收期为5月上旬至9月上旬，667米^{2}产量350～450千克，品质较好。

4. 大明湖青蒲 属水烛。来源于山东济南市大明湖。株高250厘米左右，叶片下垂，长190～200厘米，宽1.0～1.3厘米，假茎长40～50厘米，淡绿色，早熟，采收应及时，否则易抽穗长出蒲棒。假茎内层部分和短缩茎肉质较柔嫩。每667米^{2}产量400～500千克，品质较好。

5. 元谋席草笋 来源于云南元谋。是以生产蒲叶为目的的副产品，以植株的短缩茎拔节后抽生的幼嫩花茎供食用。植株高大，可达3米以上，抽生匍匐茎少，叶片多而长。每年6月底部分植株抽薹开花，幼嫩花茎长可达25～35厘米，粗1.0～1.5厘米，品质较好。凡抽薹的植株，节间较长，叶片少而短，齐土面割，剥去外叶，中心白嫩的短缩茎即为席草笋，是一种味美的特产蔬菜。

第三节 栽培技术

一、栽培季节

长江中下游地区露地栽培时间为4月上旬至7月下旬，云南一带，可一年四季种植、采收。

二、以假茎供食用的蒲菜栽培

（一）种植地选择

选水层适中、最大水深不超过1.2米、土壤淤泥层深厚、有机质含量1.5%以上的沼泽或河湖沿边滩地种植。水层便于控制最佳，如水层过深或易干旱，水下土壤过沙、过黏，均不宜种植。

（二）整地、施基肥

如水下土壤松软、肥沃，则不用耕翻，可将杂草清除并略加平整；如水下土壤坚实，应尽可能保持浅水层，进行耕翻、整平，667米^{2}施入人粪尿5 000～7 000千克。

（三）定植

春季气温回升至15～20℃，蒲菜萌芽生长后选苗栽植，淮河流域多在4月初至5月初。种苗要求连根带泥，随挖随栽。如种苗叶片过长，可剪去上部叶片以防定植后因风摇动，栽植深度12～15厘米，使植株不致倒伏或漂浮。

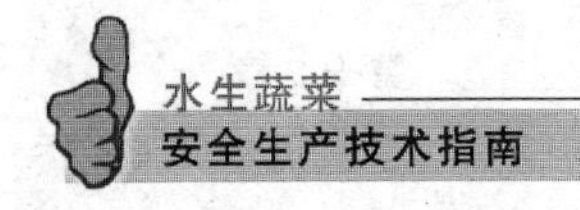

(四) 田间管理

1. 水位管理 蒲菜要求水层深浅适中，前期保持 15～20 厘米浅水，以快速提高土温，但要严防干旱，以免抑制营养生长，引起大量抽薹开花。以后随着植株长高，水层逐渐加深到 60～80 厘米，最深不宜超过 100 厘米。水层过浅，假茎可食部分短，品质变劣。水层过深，假茎细长，品质与产量均会受到影响。

2. 追肥 一般栽植后 1 个月左右追施一次腐熟粪肥或厩肥，667 米^2 施 1 000～1 500 千克。以后每年春季视植株生长情况追肥 1～2 次，尽量施用有机肥，少用或不用化肥。

3. 拔蒲秆 立夏前后蒲秆（花序柄）长出水面，应及时拔除，同时可剥取基部嫩秆及周围鞘状嫩叶作蒲芽上市。

4. 疏株 蒲菜的分蘖力强，蒲株过多，通风透光不好，易造成蒲株细长，品质变劣。一般结合采收间拔过密处较大的分株。保持每平方米 10 株左右，且分布均匀。

5. 更新换田 蒲菜连作 3～4 年后，更新换田。

(五) 病虫草害防治

蚜虫可用 40%乐果乳油 1 000 倍液喷雾一次，安全间隔期 7 天。栽植成活后应及时人工除草，一般进行 2～3 次。同时清理枯叶，以改善光照条件。假茎形成时，可保留少量浮萍作水面覆盖，促进假茎软化，提高产品品质。

(六) 采收

栽植后 2 个月，当假茎高 30～40 厘米时开始采收，每隔 15 天左右收一次。采收方法有 2 种，一种是用镰刀从短缩茎上部割下，另一种是将其与周围的匍匐茎切断后，用手拔出。收后切取假茎 30～40 厘米，剥除外层叶鞘，即为白嫩的蒲菜。按长短粗细分级，捆扎成束，即可上市出售。采收时要小心，防止损伤地下根状茎，以免影响生长，降低产量。地下根状茎的生长方向与叶片排列方向大体一致，所以要在不长叶子的一边走，以免踩断根状茎。采收的同时还要注意保留一部分生长健壮的植株，一般每隔 30 厘米留1～2 株，以利不断抽生新株，持续高产。

栽植当年 667 米^2 约产蒲菜 150～200 千克。到第二年后，采收次数和产量均可增加 1 倍。4～5 年后，植株衰老，长势差，产量大减，不宜继续连作，必须换田更新。

三、以草芽供食用的蒲菜栽培

（一）蒲田选择

以草芽供食用的蒲菜对土壤要求严格，宜选择土层肥厚、土质疏松、淤泥层深厚的壤土种植。重黏土易板结，根状茎在土中难以伸长，夹沙土易使根状茎表面产生锈斑，降低品质，且易折断，不利采收。

（二）取苗定植

武汉地区于 3 月底至 6 月初定植，云南地区一年四季均可种植，但 4～5 月份栽植较好。先从母蒲田中挑选生长健壮、无病虫害、符合所栽品种特征的分株苗作种苗，栽植株行距为 2 米×2 米，栽插深度 6～9 厘米，667 米^2 栽苗 150～180 株。栽植时注意保持植株叶片展开方向一致朝向行内，形成一条线排列。

（三）田间管理

水层保持 6～7 厘米即可。云南地区 12 月至翌年 1 月份气温较低，为了提高土温，要求白天排水晒田，夜晚灌水保温，但在长江流域冬季结冰，田间应保持 5～10 厘米水层，以防冻伤短缩茎和根状茎。

草芽要求有机肥丰富，定植前每 667 米^2 施厩肥或绿肥2 500～3 000 千克作基肥，然后视植株长势适当追肥。一般每隔1～2 个月 667 米^2 施碳酸氢铵 40 千克或尿素 10～15 千克，加硫酸钾 10～15

千克。同时，可结合间苗除草，将拔除的植株杂草踩入田间作肥料。

栽植成活后及时清除杂草，一般 2～3 次，同时注意防治食叶性虫害。在炎热的夏季，草芽的根部易变黑、腐臭，可用 ABT 生根粉 4 号 20 毫升/米^3 的溶液进行叶面喷施，有一定的防治作用。

（四）间苗和采收

在云南，草芽一年四季均可采收，一般 667 米^2 年产量2 000～2 500 千克。当匍匐茎长 20～30 厘米时即可收获，夏季气温高，植株生长快，每隔 4～5 天采收一次。寒冬腊月，气温较低，植株生长缓慢，每隔 10～15 天采收一次。以 5～6 月份采收的草芽产量高，质量好。

采收时要注意行走方向，以免踩断新茎。采收需从下至上顺序分层、分期采收，手法上注意偏向旁侧，以免碰伤上层侧芽。

草芽分蘖力强，生长较快，幼嫩的根状茎如不及时采摘，会迅速抽生新株，形成过密植株，互相遮蔽，影响通风透光，且易滋生蚜虫。因此，采收草芽时须及时拔除过密的新株，同时要拔除已抽生 3～4 层新株的母株，去弱留强，间密补稀，打去枯叶，使植株分布均匀，以提高产量和品质。

草芽栽植一次可连续采收 2～3 年，3 年以后产量和品质下降，需及时换田或更新。

四、席草笋栽培

席草笋是以生产蒲叶为目的的副产品。云南元谋每年 6 月末有 1/3～1/2 的蒲草会抽薹开花。凡是抽薹的植株，节间较长，叶片少而矮，蒲叶产量不高，故要及时齐土面割掉，促生新株，提高蒲叶产量。这种割下来的蒲秆，剥去外叶，就可采到中心白嫩似茭白的短缩茎，即席草笋，是一种美味的特产蔬菜。

栽培要点：①春季萌发新株前耕翻一次，使土层疏松。②及时割掉抽薹开花植株，促使新株萌发。③每隔 6～8 年后，将老植株全部耕翻，春季再种一年其他水生作物。

（执笔人：李双梅，孙亚林）

第十三章

蒌蒿安全生产技术

蒌蒿，别名芦蒿、藜蒿、水蒿、香艾蒿、蒌蒿薹。属菊科蒿属多年生草本植物。在我国分布较广，几乎遍布全国。近年来，江苏、浙江、江西、湖北、安徽、云南等地已有人工栽培，经济效益十分可观。

蒌蒿以地上嫩茎及地下根状茎供食用。营养丰富，质地脆嫩爽口，并具有独特的清香味，备受人们青睐。据测定，蒌蒿每百克新鲜嫩茎（可食部分）含蛋白质 2.59 克，维生素 C 5.6 毫克，胡萝卜素 0.47 毫克，粗纤维 1.1 克，脂肪 0.43 克，碳水化合物 3.29 克，灰分 1.02 克，钙 65 毫克，铁 2.6 毫克，磷 84 毫克，锌 2.6 毫克，硒 1.6 微克，还含有藜蒿精油，具特殊芳香味。同时具有祛风湿，键脾胃，平抑肝火，化痰，助消化，预防牙病之功效，是一种很有开发前途的保健蔬菜。

第一节　生物学特性

一、植物学特征

蒌蒿形态特征见图 13－1。

1. 根　主根不明显或较明显，具多数侧根与纤维状须根，分布浅，集中在 20 厘米以内土层中。

2. 茎　有地上茎和地下茎 2 种。地下茎又称根状茎，粗 0.4 厘米左右，白色质脆，富含淀粉，多不定根。节间明显，节上有潜伏芽，能抽生直立茎，形成新株。地上茎圆形，无毛，初生嫩茎淡绿色或淡紫红色，脆嫩多汁，以后逐渐木质化，9月上旬上部抽生花枝。成熟植株地上茎粗可达1厘米以上，高可达180厘米左右，表皮深褐色。

3. 叶　互生，抱茎，纸质或薄纸质。正面绿色，无毛或近无毛，背面密被灰白色蛛丝状平贴茸毛，叶缘具疏锯齿。基部叶多为2～3回羽状深裂，进入花期后逐渐枯萎。中部叶密集，羽状深裂，长14～16厘米，宽10～12厘米，侧裂片1～2对。上部叶片三裂或条形全缘。

图13-1　蒌蒿形态特征
1. 茎上半部　2. 中部叶　3. 头状花序
4～6. 外、中、内层总包片
7. 雌花　8. 两性花

4. 花　复总状花序，花筒状，黄绿色有紫条纹，花朵长约0.3厘米，宽0.1～0.2厘米，每花有1苞片。

5. 果实、种子　瘦果，种子细小，有冠毛，成熟后随风飞扬。

二、生长发育周期

蒌蒿的生长发育周期一般200天以上，分为萌芽期、旺盛生长期、缓慢生长期、越冬休眠期4个生育阶段。

1. 萌芽期　气温稳定在5℃以上，越冬蒌蒿地下茎上的潜伏芽开始萌发，破土形成新苗。

2. 旺盛生长期　从新株长出第一片叶片开始，其间植株生长

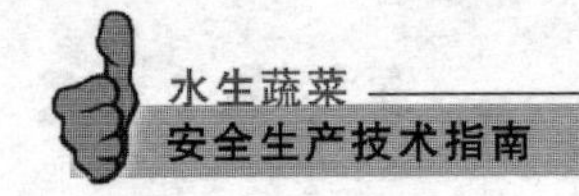

加快，到秋季天气转凉，生长明显减慢为止。此阶段气温升至15～20℃，植株迅速生长，30厘米左右即可收获。气温超过30℃，茎秆纤维化速度加快，容易木质化。

3. 缓慢生长期 从植株生长明显减慢，到地上部完全停止生长为止。此期蒌蒿陆续开花结实，温度一般为10～20℃，体内养分多向地下根状茎输送和贮存。

4. 越冬休眠期 从植株地上部枯黄开始，到第二年春季地下根状茎开始萌芽为止。此期气温多在10℃以下，植株进入休眠状态。

三、对环境条件的要求

1. 温度 蒌蒿喜温暖怕寒冷，喜湿润忌涝渍，要求较高的空气湿度。生长适温白天15～20℃，晚上5～10℃，空气湿度90%以上时嫩茎生长快且粗壮，商品价值也高。遇霜冻地上部分即枯死，但地下茎及根系可安全过冬。

2. 水分 蒌蒿根系浅，要求土壤湿润且透气性良好，土壤湿度60%～80%，最有利根状茎生长和腋芽萌发，抽生地上嫩茎。在排水不良的土壤中，发根少且生长不良，长期渍水，根系变褐枯死，但根状茎在水淹的泥中可存活5～6个月以上。

3. 光照 蒌蒿对光照要求不严，只要温度适宜，在弱光或遮光的条件下均能生长。强烈的直射光照射促使茎秆老化，散射光有利嫩茎生长粗壮脆嫩，增加产量。

4. 土壤肥料 蒌蒿对土壤要求不严，但以疏松肥沃含有机质丰富的沙质壤土为宜。对养分的要求全面且需求量大，要求施充分腐熟的有机肥，切忌施单质化肥，多施磷钾肥，有利嫩茎品质改善，适当追施锌、铁、硼等微量元素肥料，可使风味更浓。

第二节　类型与品种

一、类型

园艺学上依据其嫩茎的色泽、香味的浓淡等初步将蒌蒿分为青蒌蒿和红蒌蒿两类。

1. 青蒌蒿　嫩茎淡绿色或绿色，粗壮多汁，脆嫩不易老化，叶色稍淡，叶面黄绿色，春季萌芽较早，可食部分较多，产量较高，但香味较清淡。

2. 红蒌蒿　嫩茎刚萌生时绿色或淡紫色，随着茎的生长，色泽加深，最终嫩茎变为淡紫色或紫红色。茎秆纤维较多，容易老化，叶片颜色较深，春季萌芽稍迟，可食部分少，产量较低，但香味浓烈。

二、主要品种

1. 大叶青　引自江苏南京。植株高大，株高 85 厘米，茎粗 0.74 厘米，叶长 17.2 厘米，叶宽 15.0 厘米，幼茎绿色。羽状三裂叶，裂片边缘锯齿不明显，成株上部叶片多为条形。

2. 小叶白　引自江苏南京。株高 74.2 厘米，茎粗 0.54 厘米，叶长 14.2 厘米，宽 15.0 厘米。茎色淡绿，叶背绿白色有短茸毛，茎秆纤维较少，品质佳。

3. 鄱阳湖野蒿　引自江西鄱阳湖。株高 87.0 厘米，茎粗 0.8 厘米，叶长 19.3 厘米，宽 15.2 厘米，裂片细长，边缘锯齿深而细。茎秆紫红色，香味浓。

4. 云南蒌蒿　引自云南。株高 52.0 厘米，茎粗 0.81 厘米，叶长 15.0 厘米，宽 10.8 厘米，裂片较宽且短，幼茎淡绿，纤维少，半匍匐生长。在武汉地区开花特早，品质较好。

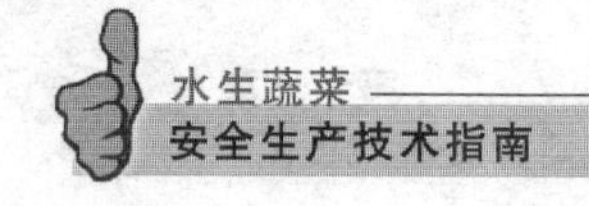

第三节　栽培技术

一、栽培季节与茬口安排

长江中下游地区露地栽培时间为7月至翌年3月下旬，现介绍几种栽培模式如下。

1. 扁豆、蛇瓜、蒌蒿高效栽培模式　适用于长江中下游地区。2月上旬在大棚内培育扁豆苗，3月中旬大棚内定植，4月下旬开始采收，一直到6月下旬。蛇瓜另田于4月上旬播种育苗，5月上旬撤去大棚膜，在大棚两侧每两根拱架中间栽植。7月上旬将留种田里的蒌蒿植株挖起扦插，12月中旬割去地上部茎秆扣大棚膜，第二年2～4月收获。

2. 辣椒、蒌蒿轮作　适宜于长江中下游地区。辣椒当年春季3月下旬至4月初从育苗田中取苗定植，5月下旬始收，6月盛收。8月上旬将留种田中的蒌蒿植株挖起扦插，2～4月收获。

3. 蕹菜—蒌蒿　蕹菜生长期4～8月，蒌蒿生长期8月至翌年4月。

4. 春豇豆—蒌蒿　4月中下旬播种豇豆，6、7月上旬采收，蒌蒿生长期8月至翌年4月。

二、栽培技术

（一）蒌蒿的繁殖方法

有扦插繁殖、分株繁殖、压条繁殖和地下茎繁殖4种方法。常用方法为扦插繁殖。

1. 扦插繁殖　选择生长健壮、充实、无病虫害的半木质化蒌蒿茎秆，剪成长15厘米左右的插条，除掉顶端老化嫩梢或叶腋生有花蕾的那段枝条，扦插密度为株距10厘米，行距20厘米，插条与地面约成45°角斜插入土，地面留1～2厘米，同时按紧土壤，灌透水，保持湿润 5～7 天，就能萌芽生根。这是蒌蒿最普遍使用的繁殖方法。

2. 分株繁殖 离地面 5～6 厘米处剪去地上茎（可留作插条用），然后将植株连根挖起，分割成若干单株，使每一分株都带有一定根系，栽植后比较容易成活。

3. 压条繁殖 将蒌蒿生长健壮充实的地上茎从基部割下，去掉基部过于老化的一段及顶端嫩梢，然后开浅沟（3～5 厘米），将茎秆（压条）平放于沟内，每隔 10～15 厘米用土压紧，压条顶端要翘出土面，同时浇透水，以后保持土壤湿润，约 20 天左右即可萌芽。这种繁殖方式由于压条上芽的发育程度不一，所以萌芽先后不一，且密度不一致，新株生长较缓慢。

4. 地下茎繁殖 选取生长健壮的地下茎剪成 8～10 厘米长的插条，然后按 20 厘米距离开 6～10 厘米浅沟，将插头朝下斜放在沟内，株距 10～15 厘米，然后填平沟埋住压条，压条顶端露出地面 1 厘米即可。灌透水，并保持土壤湿润，7～10 天后即可萌生新株。

栽培地块应选择排灌方便、土质疏松、有机质含量丰富的沙质壤土或冲积土。冷浆田、渗水田或无法排干水的低洼地不宜栽种，以免栽插后不易发根，引起死亡、缺株。过于黏重的土壤也不利于地下根茎生长和嫩茎萌发，使产量降低。

（二）整地施基肥

扦插前一周全面翻耕，深度约 20 厘米，每 667 米^2 施腐熟猪粪 1 500 千克、腐熟干鸡粪 500 千克、腐熟饼肥 100 千克及石灰 50～100 千克，将土与肥耙匀耕平后作畦，畦高 10～20 厘米，宽 1.3～1.5 米。畦面土粒要细碎、平整，并使肥料保留在浅层（5～10 厘米）土壤中。畦沟宽 40 厘米，深 15～20 厘米，畦沟、围沟和灌溉主沟渠连通。

（三）芽前除草

作畦后选择适当除草剂进行芽前除草，每 667 米^2 用 72%都尔乳油100毫升加水50千克或50%乙草胺乳油100毫升加水50千克土表喷雾。施药地块土壤含水量不低于60%，施药时间宜在晴天上午9时以前、下午16时以后进行，阴天全天均可，下雨天不喷，喷药后4小时内遇大雨时需重喷。喷药后1～3天即可扦插。

（四）扦插定植

蒌蒿人工栽培宜每年种一次，一般多采用扦插繁殖。扦插时期5～8月份均可，以6月下旬到7月上旬为宜，此时蒌蒿的老茎秆生长粗壮、充实，又正值梅雨季节，易生根发芽，成活率高。若扦插过早，不利于经济利用土地，扦插过晚，则采收期推迟，产量受影响。蒌蒿扦插时要选择粗壮无病虫害的半木质化茎秆，去掉老化的基部和幼嫩的顶端，剪成15厘米长的插条，扦插时，插条芽朝上，插条与地面成45°角斜插入土，地面露出1～2厘米即可，株距10厘米，行距20厘米，平均每667米^2 2.5万～3万株苗，同一块田内尽量用粗度一致的插条，以便出芽整齐，方便管理。

（五）田间管理

1. 水肥管理及除草　蒌蒿扦插完后应立即灌透水，以后及时灌水，保持田间土壤湿润疏松，切忌土壤干裂。夏季灌水时间应在早、晚进行，冬季灌水应选择晴天中午进行。一般采用浸灌，以减少肥分流失和土壤板结，每次灌透水后，待畦面土壤发白发干时再重灌。结合采收进行追肥，每次采收后每667米^{2}用10%～15%粪水1 500～2 000千克浇施一次。封行前，要及时结合中耕拔除杂草，中耕时浅锄，切忌伤根和锄断地下根茎。

2. 打顶摘心　8月中旬在开花之前打去主茎，促进侧芽生长，减少开花、结子的养分消耗，提高光合能力，积累根部养分，为翌年高产打下基础。

3. 适时覆盖　武汉地区于11月中旬平地割除地上茎秆，同时清除田间枯枝残叶。浅松土，注意勿伤地下根状茎，并结合浇透水667米^{2}施人粪尿3 000～4 000千克或有机复合肥50千克。5～7

天后扣大棚。棚内昼温保持 17～23℃，最高不超过 25℃，并注意通风降湿。

三、病虫害防治

1. 蒌蒿白绢病　发病初期用 350 克地菌净加细干土 40 千克混匀后撒施茎基部土壤，也可用 20%粉锈宁乳油 2 000 倍液喷雾一次。

2. 蚜虫、玉米螟　蚜虫可用 40%乐果乳剂加水 1 000 倍喷雾防治，玉米螟可用 25%杀虫双水剂 800～1 000 倍液或 5%来福灵乳油 2 000 倍液喷雾一次，安全间隔期 15 天。

四、采收

嫩茎长到 20～30 厘米时即可采收，及早采收，可增加采收次数，提高产量。采收时用锋利的小刀平地面割下，地面不留残桩，切忌损伤地下茎。每次采收后即进行中耕松土、除草和施肥。

（执笔人：李双梅 等）

图书在版编目（CIP）数据

水生蔬菜安全生产技术指南/柯卫东，刘义满，黄新芳主编．—2版．—北京：中国农业出版社，2013.10（2016.5重印）
（最受欢迎的种植业精品图书）
ISBN 978-7-109-18437-4

Ⅰ.①水…　Ⅱ.①柯…②刘…③黄…　Ⅲ.①水生蔬菜—蔬菜园艺—指南　Ⅳ.①S645-62

中国版本图书馆CIP数据核字（2013）第238540号

中国农业出版社出版
（北京市朝阳区农展馆北路2号）
（邮政编码100125）
责任编辑　杨天桥

中国农业出版社印刷厂印刷　　新华书店北京发行所发行
2014年1月第2版　　2016年5月第2版北京第2次印刷

开本：880mm×1230mm 1/32　　印张：5.375　　插页：4
字数：138千字　　印数：4 001～7 000册
定价：20.00元

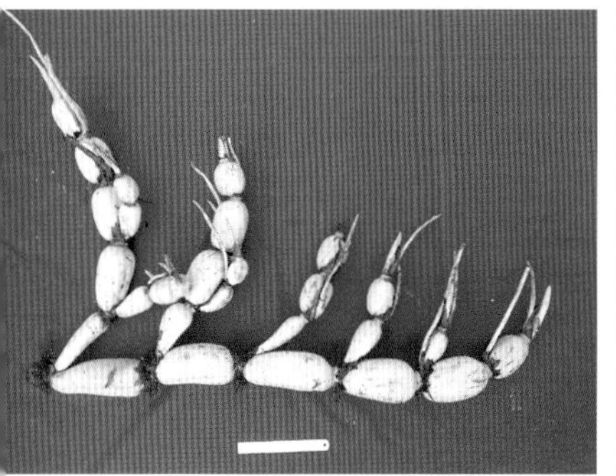
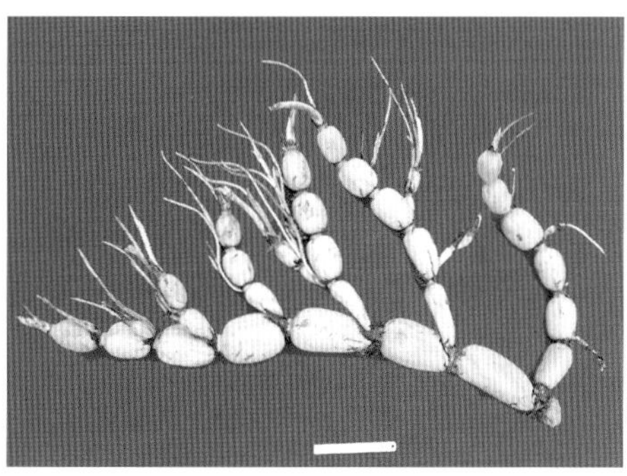

彩图1　鄂莲5号（左）、鄂莲6号（右）

彩图2　鄂莲7号(珍珠藕，左）、鄂莲8号（右）

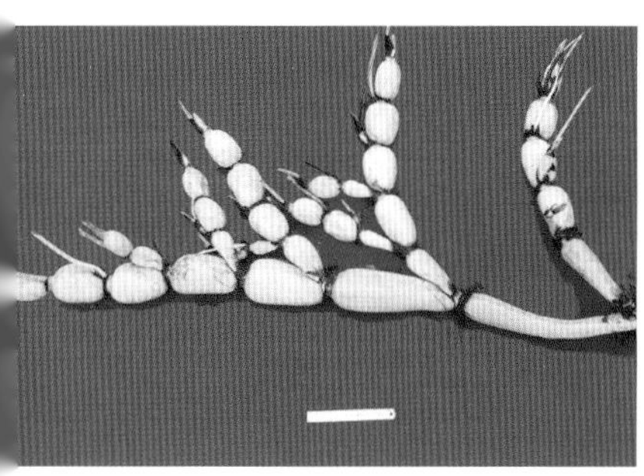

彩图3　“巨无霸”

彩图4　“满天星”（籽莲）

彩图5　莲藕栽培

彩图6　江夏籽莲

彩图7　鄂茭1号

彩图8　鄂茭2号

彩图9　安徽岳西高山茭白

图10　鄂芋1号

彩图11　芋水田栽培

彩图12　芋旱地栽培

彩图13　蕹菜水栽

彩图14　荸荠大田生产

彩图15　广东番禺慈姑

彩图16　慈姑大棚栽培

彩图17　水芹培土栽培

彩图18　水芹产品

彩图19　水芹生产

彩图20　水红菱

彩图21　孝感红菱

彩图22　金华大棚菱角

彩图23　采收菱角

彩图24　小叶豆瓣菜

彩图25　大叶豆瓣菜

彩图26　汕头豆瓣菜

彩图27　莼菜生产

彩图28　莼菜产品

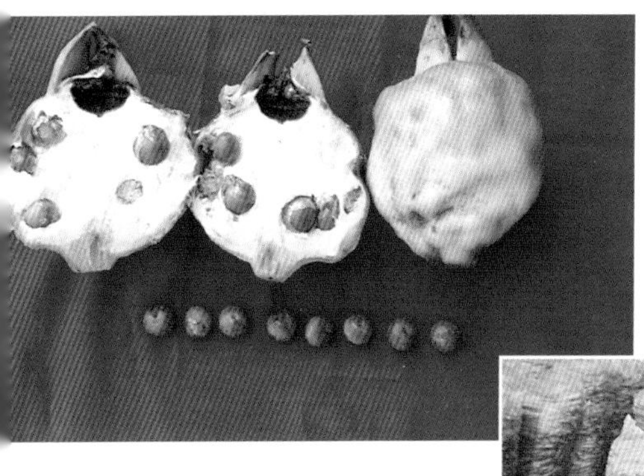

彩图29　栽培芡实

彩图30　芡实叶花柄

彩图31　芡实采收

彩图32　芡实生产

彩图33　云南蒌蒿

彩图34　蒌蒿大田种植